MANUEL
MATHÉMATIQUE

COMPRENANT :

1° Les principes usuels

D'ARITHMÉTIQUE

2° des FORMULES

POUR RÉSOUDRE GÉNÉRALEMENT LES PROBLÈMES

3° des applications à l'évaluation

des Lignes, Surfaces et Volumes

QUE L'ON CONSIDÈRE EN

GÉOMÉTRIE

PAR D. GIRARDET.

A l'usage des élèves qui se destinent au
Commerce et à l'Industrie.

Prix : Cartonné, 2 francs.

PARIS

J. POULAIN ET Cⁱᵉ, LIBRAIRES
RUE BONAPARTE, 7.

1859.

MANUEL MATHÉMATIQUE

COMPRENANT :

1° Les principes usuels

D'ARITHMÉTIQUE

2° des FORMULES

POUR RÉSOUDRE GÉNÉRALEMENT LES PROBLÊMES

3° des applications à l'évaluation

des Lignes, Surfaces et Volumes

QUE L'ON CONSIDÈRE EN

GÉOMÉTRIE

PAR

D. GIRARDET

À l'usage des élèves qui se destinent au
Commerce et à l'Industrie.

PARIS

J. POULAIN ET Cie, LIBRAIRES

RUE BONAPARTE, 7.

1859

PRÉFACE

Ce livre est divisé en trois parties:

La première contient les principes de l'Arithmétique usuelle.

Chaque opération expliquée simplement, est suivie d'un choix d'exemples destinés à en faire comprendre la définition et l'usage.

Quelques théories moins élémentaires forment, avec des problèmes gradués, le supplément placé à la fin du volume.

Les proportions ont été supprimées conformément à ce passage de l'instruction ministérielle : (15 novembre 1854). « La solution » de toutes les questions pouvant être présentée par la marche » précédente d'une manière simple, rapide et claire, et l'emploi » ultérieur des proportions n'ajoutant rien de nouveau aux no- » tions ainsi acquises, l'enseignement des proportions est sup- » primé etc... »

La seconde partie traite des égalités et du moyen de formuler généralement les problèmes numériques. Les développements ordinaires de la formule connue des intérêts simples, ont été étendus à d'autres problèmes, pour l'intelligence des principes qui servent à isoler une inconnue dans l'un des membres d'une égalité.

Les formules de géométrie, si utiles en elles-mêmes pour l'évaluation des lignes, surfaces et volumes, fournissaient une application précieuse des principes exposés dans la seconde partie; elles forment avec des exemples numériques la troisième partie.

Ces exercices pourront permettre aux élèves privés de notions algébriques, d'appliquer les formules contenues dans les excellents traités qui se publient aujourd'hui sur la géométrie, la physique, a mécanique pratiques.

TABLE DES MATIÈRES

TROISIÈME PARTIE.

SUPPLÉMENT.

PROBLÈMES DE RÉCAPITULATION.

FIN DE LA TABLE.

NOTIONS PRÉLIMINAIRES

On appelle *quantité* tout ce qui peut être compté (1).

Exemple : Une collection d'arbres, un troupeau de moutons, une réunion d'hommes, etc.

L'unité est ici un arbre, un mouton, un homme.

Le résultat auquel on parvient après avoir compté est un *nombre*.

L'arithmétique est une science qui traite des nombres et de leurs combinaisons.

NUMÉRATION.

La numération a pour objet de représenter les nombres en employant peu de signes ; on entend par signes les mots qui servent à nommer les nombres, et les caractères qui servent à les écrire.

NUMÉRATION PARLÉE ET FORMATION DES NOMBRES.

Si on ajoute l'unité à un nombre on forme un nouveau nombre.

En partant de l'unité et ajoutant successivement une nouvelle unité, les nombres ainsi formés s'appellent :

Un, deux, trois, quatre, cinq, six, sept, huit, neuf, dix.

La réunion de dix unités (nombre des doigts) forme une *dizaine*, et les dizaines se suivent comme les unités : une

---

(1) On verra au nº 67 une autre définition de la quantité.

dizaine, deux dizaines, trois dizaines, quatre dizaines, cinq dizaines, six dizaines, sept dizaines, huit dizaines, neuf dizaines.

Au lieu de ces mots on dit :

Dix, vingt, trente, quarante, cinquante, soixante, septante (ou soixante-dix), octante (ou quatre-vingts), nonante (ou quatre-vingt-dix).

Entre dix et vingt, il y a les neuf nombres : dix-un (onze), dix-deux (douze), dix-trois (treize), dix-quatre (quatorze), dix-cinq (quinze), dix-six (seize), dix-sept, dix-huit, dix-neuf.

Entre vingt et trente, il y a les neuf nombres : vingt-un, vingt-deux............ vingt-neuf.

De même entre trente et quarante, entre quarante et cinquante, etc.

La réunion de dix dizaines forme une *centaine*, et les centaines se suivent comme les unités et les dizaines : un cent, deux cents, trois cents............ neuf cents.

Entre un cent et deux cents, il y a les quatre-vingt-dix-neuf nombres :

Cent un, cent deux............ cent quatre-vingt-dix-neuf.

De même entre deux cents, et trois cents, etc.

La réunion de dix centaines forme un *mille*, et les mille se suivent comme les unités :

Un mille, deux mille.............. neuf mille.

Dix mille, onze mille, douze mille...............

Cent mille, cent un mille........... neuf cent mille............

Entre un mille et deux mille, il y a les neuf cent quatre-vingt-dix-neuf nombres :

Mille un, mille deux............ mille neuf cent quatre-vingt-dix-neuf.

De même entre deux mille et trois mille, etc.

La réunion de mille mille forme un *million*, et les millions se suivent comme les unités et les mille :

Un million, deux millions............ neuf millions.

Dix millions, onze millions............

Cent millions, cent un millions............ neuf cent millions.

La réunion de mille millions forme un *billion* ou *milliard*.

La réunion de mille billions forme un *trillion*, etc.

La numération se résume dans le tableau suivant :

TRILLIONS.			BILLIONS.			MILLIONS.			MILLE.			UNITÉS.		
Centaines de trillions.	Dizaines de trillions.	Unités de trillions.	Centaines de billions.	Dizaines de billions.	Unités de billions.	Centaines de millions.	Dizaines de millions.	Unités de millions.	Centaines de mille.	Dizaines de mille.	Unités de mille.	Centaines d'unités.	Dizaines d'unités.	Unités.

PREMIÈRE REMARQUE. Les unités, les mille, les millions, les billions, les quatrillions, etc., forment les *unités principales.*

Un nombre ne peut jamais contenir plus de neuf cent quatre-vingt-dix neuf de ces unités.

Les unités suivantes : unités, dizaines, centaines, mille, dizaines de mille, etc., sont les unités *simples.*

Un nombre ne peut jamais contenir plus de neuf de ces unités.

DEUXIÈME REMARQUE. On est parvenu à cet admirable résultat qu'avec les quinze signes ou mots : un, deux, trois, quatre, cinq, six, sept, huit, neuf, dix, cent, mille, million, billion, trillion, on peut nommer tous les nombres usuels.

On ne comprend pas dans ce compte les mots très-inutiles et employés par corruption de langage : onze, douze, treize, quatorze, quinze, seize............ vingt, trente, quarante, cinquante, soixante, octante, nonante.

NUMÉRATION ÉCRITE.

Les neuf premiers nombres sont représentés par les signes suivants appelés *chiffres*.

1. 2. 3. 4. 5. 6. 7. 8. 9.

Pour que ces chiffres puissent représenter les unités de différents ordres, on a fait la convention suivante :

Tout chiffre placé à la gauche d'un autre, exprime des unités de l'ordre supérieur, ou dix fois plus fortes.

Premier exemple : Ecrire le nombre trois cent cinquante-sept.

Pour représenter sept unités on écrira le chiffre 7.

Pour représenter cinquante ou cinq dizaines, on écrira le chiffre 5 à la gauche du 7, ce qui fait 57.

Pour représenter trois cents on écrira le chiffre 3 à la gauche du 5, ce qui fait 357.

Deuxième exemple. Ecrire le nombre trois cent sept. Les dizaines manquant dans ce nombre on met à leur place un *zéro* qui se représente 0, et on obtient 307.

Ainsi le 0 est un chiffre qui n'a aucune valeur par lui-même, mais qui tient la place des unités qui manquent.

Troisième exemple. Ecrire un nombre très-grand.

D'après la première remarque faite dans la numération parlée, il suffit de savoir écrire un nombre de trois chiffres, pour écrire un nombre aussi grand que l'on voudra.

Exemple : Ecrire le nombre : deux cent vingt-cinq *trillions*, neuf cent sept *billions*, trente-huit *millions*, dix-sept *unités.*

Reprenons le tableau :

Trillions, billions, millions, mille, unités,
et rappelons-nous que chaque case doit contenir trois chiffres; on aura, en complétant par des zéros les places vides dans les cases :

Trillions, billions, millions, mille, unités.
225   907   038   000   017

RÉCIPROQUEMENT, LIRE UN NOMBRE.

Exemple : Lire le nombre 536. Ce nombre contenant 6 unités, 3 dizaines, 5 centaines, on prononcera, en commençant par les plus hautes unités : cinq cent trente-six.

Pour lire un nombre de plus de trois chiffres, on le partage en cases de trois chiffres en commençant par la droite; on lit chaque nombre de chaque case, en le faisant suivre du nom inscrit au haut de la case.

Exemple : Lire le nombre 28017000428560, on le dispose ainsi :

Trillions, billions, millions, mille, unités
28   017   000   428   560

et on prononce : vingt-huit *trillions*, dix-sept *billions*, quatre cent vingt-huit *mille*, cinq cent soixante *unités.*

L'habitude apprendra à se passer de ce tableau.

OPÉRATIONS.

On appelle *opérations* les diverses manières de combiner les nombres entre eux.

Les quatre opérations fondamentales de l'arithmétique sont :

L'addition, la soustraction, la multiplication, la division.

ADDITION.

1. L'addition a pour but de réunir plusieurs nombres en un seul qui s'appelle *somme* ou *total.*

2. Pour indiquer que l'on doit additionner plusieurs nombres ensemble, on les sépare par le signe $+$ qui se prononce *plus.* Ainsi $15 + 9 + 253$, signifie que l'on doit additionner les nombres 15, 9 et 253 et se prononce 15 plus 9 plus 253.

3. PREMIER CAS. Additionner des nombres moindres que 10.

Exemple : Sept plus trois ou $7 + 3$.

La somme cherchée devant contenir toutes les unités de sept et de trois, on l'obtiendra en ajoutant successivement au premier nombre sept les trois unités du second.

Ainsi on dira, en comptant sur les doigts :

Sept plus un égale huit $7 + 1 = 8$
Huit plus un égale neuf $8 + 1 = 9$
Neuf plus un égale dix $9 + 1 = 10$

4. DEUXIÈME CAS. Additionner des nombres plus grands que 10.

Exemple : $7155 + 389 + 24327$.

On ne peut suivre ici la marche précédente ; mais on ajoute les unités ensemble, les dizaines ensemble, les centaines ensemble, etc., et, pour la commodité du calcul, on dispose les nombres les uns sous les autres, de manière que les unités de même espèce soient dans une même colonne verticale.

	7	1	5	5		7155
		3	8	9		389
2	4	3	2	7		24327
2	(11)		7	(15)	(21)	31871

En additionnant, on trouve 21 unités, 15 dizaines, 7 centaines, 11 mille, deux dizaines de mille.

Mais ce résultat est contraire aux principes de la numération, puisque certaines de nos sommes dépassent 9 ; alors on reporte sur la colonne précédente les unités supérieures, et l'on obtient : 1 unité, 7 dizaines, 8 centaines, 1 mille, 3 dizaines de mille.

5. RÈGLE PRATIQUE. — Après avoir écrit les nombres à ajouter les uns sous les autres, de manière que les unités de même espèce soient dans une même colonne verticale, on fait la somme des chiffres de la première colonne à droite. Si cette somme ne surpasse pas 9, on l'écrit au dessous, sinon on écrit seulement les unités, et l'on retient les dizaines pour les réunir aux nombres de la deuxième colonne; on fait de même pour cette deuxième somme, et ainsi de suite.

6. La *preuve* d'une opération est une seconde opération destinée à vérifier la première.

7. La somme de plusieurs nombres ne pouvant dépendre de l'ordre de ces nombres, on pourra faire la preuve de l'addition en disposant les nombres dans un autre ordre, et en recommençant l'addition; ou, plus simplement, en additionnant de bas en haut si on a fait l'opération de haut en bas.

Si on trouve la même somme il est très-probable que l'opération est juste.

EXERCICES.

8. Un marchand a vendu pour 2835 fr. en janvier, pour 2173 fr. en février, pour 1981 fr. en mars; quelle est sa recette du trimestre ?

Réponse. 2835 + 2173 + 1981 = 6989 fr.

9. En admettant qu'il y ait 118 lieues de Paris à Lyon, et 82 lieues de Lyon à Montpellier; quelle est la distance de Paris à Montpellier, en passant par Lyon ?

Réponse. 118 + 82 = 200 lieues.

10. Mon fils a 27 ans, et j'ai 33 ans de plus que lui; quel est mon âge?

Réponse. 27 + 33 = 60 ans.

11. Une personne est née en 1826, en quelle année aura-t-elle 63 ans ?

Réponse. 1826 + 63 ans = 1889.

SOUSTRACTION.

12. La soustraction a pour but de retrancher un nombre d'un autre. Le résultat s'appelle *reste, excès* ou *différence.*

13. Pour indiquer que l'on doit retrancher un nombre d'un autre, on les sépare par le signe — qui se prononce *moins.* Ainsi 8 — 3 se prononce huit moins trois, et signifie que l'on doit retrancher trois de huit.

14. Premier cas. Les nombres proposés sont peu considérables. *Exemple :* 8 — 3.

Pour retrancher 3 de 8, on retranche successivement du plus grand nombre 8 les trois unités du plus petit, et l'on dit:

Huit moins un égale sept   8 — 1 = 7.
Sept moins un égale six   7 — 1 = 6.
Six moins un égale cinq   6 — 1 = 5.

15. Deuxième cas. Les nombres proposés sont considérables.

Exemple : 5843 — 2612. On ne peut suivre ici la marche précédente ; mais on retranche les unités des unités, les dizaines des dizaines, les centaines des centaines, etc., et, pour la commodité du calcul, on place les deux nombres le plus petit sous le plus grand, de manière que les unités de même espèce se trouvent dans une même colonne verticale.

      5843   En retranchant, on trouve pour reste :
      2612   1 unité, trois dizaines, 2 centaines,
      ————   3 mille, c'est-à-dire 3231.
      3231

16. Troisième cas. Certains chiffres du plus grand nombre sont inférieurs à leurs correspondants du plus petit. *Exemple :* 94 — 38.

       94   On ne peut retrancher 8 unités de
       38   4 unités. Alors on ajoute dix unités
       ——   au plus grand nombre, et l'on dira :
       56
8 de 14 reste 6. Mais pour ne pas altérer le résultat (1), on ajoute au plus petit nombre une dizaine (quantité équivalente aux dix unités ajoutées au plus grand nombre), et l'on continuera l'opération en disant : 4 dizaines de 9 dizaines reste 5 dizaines.

17. 94   80 + 14   On peut opérer autrement
        38   30 + 8   en raisonnant ainsi : 94
        ——   ————   = 80 + 14 ; 8 de 14 reste
        56   50 + 6   6 ; 3 de 8 reste 5.

---

(1) On s'appuie sur ce principe évident que la différence entre deux nombres ne change pas, si à ces deux nombres on ajoute la même quantité.

Par les mêmes raisonnements on rendra compte des soustractions suivantes :

7203006	430005
5184272	9327
2018734	420678

18. Règle pratique. Après avoir écrit les deux nombres, le plus petit sous le plus grand, de manière que les unités de même espèce soient dans une même colonne verticale, on retranche, à partir de la droite, chaque chiffre du nombre inférieur de son correspondant du nombre supérieur, et l'on écrit la différence au-dessous. Si un chiffre du nombre inférieur est plus grand que son correspondant, on augmente celui-ci de dix unités, mais quand on passe à la colonne suivante, on augmente d'une unité le chiffre du nombre inférieur.

19. *Preuve.* Le reste s'obtenant en retranchant le plus petit nombre du plus grand, il est évident que le plus grand nombre doit contenir le plus petit, plus le reste.

Donc on fera la preuve de la soustraction en ajoutant le plus petit nombre avec le reste et l'on devra retrouver le plus grand.

EXERCICES.

20. 1. Un courrier qui doit aller de Paris à Montpellier est déjà arrivé à Lyon. Combien lui *reste*-t-il à faire, sachant qu'il y a 200 lieues de Paris à Montpellier et 118 lieues de Paris à Lyon ?

Réponse. Le *reste* est 200 — 118 = 82 lieues.

2. J'ai 60 ans et mon fils 27 ans. Quelle est la *différence* entre nos âges ?

Réponse. La *différence* est de 60 — 27 = 33 ans.

3. Une personne née en 1826 est morte en 1857. Quel âge avait-elle ?

Réponse. L'*excès* de 1857 sur 1826 ou 31 ans.

EXERCICES SUR L'ADDITION ET LA SOUSTRACTION.

4. Un marchand a acheté pour 4835 fr. de marchandises. Les frais se sont élevés à 319 fr. Combien a-t-il gagné en vendant 5848 fr. ?

Réponse. Les marchandises reviennent à $4835 + 319 = 5154$ fr. Il a donc gagné $5848 - 5154 = 694$ fr.

5. Un pensionnat composé de 98 élèves est divisé en 4 classes : il y a 11 élèves dans la première classe ; 23 dans la deuxième ; 29 dans la troisième. Combien y a-t-il d'élèves dans la quatrième ?

Réponse. Le nombre connu d'élèves est $11 + 23 + 29 = 63$. Le nombre inconnu est donc $98 - 63 = 35$ élèves.

6. En janvier j'ai gagné 318 fr. et dépensé 243 fr. ; en février j'ai gagné 279 fr. et dépensé 260 fr. ; en mars j'ai gagné 410 fr. et dépensé 381 fr. Combien en reste-t-il au bout du trimestre ?

$$\textit{Réponse} \quad (318 - 243) + (279 - 260) + (410 - 381)$$
$$\text{ou} \qquad 75 \qquad + \qquad 19 \qquad + \qquad 29 \quad = 123 \text{ f.}$$

MULTIPLICATION.

21. La multiplication a pour but de répéter un nombre appelé *multiplicande* autant de fois qu'il y a d'unités dans un autre nombre appelé *multiplicateur*. Le résultat s'appelle *produit.*

Le multiplicande et le multiplicateur s'appellent *facteurs* du produit.

Pour indiquer que l'on doit multiplier un nombre par un autre nombre, on les sépare par le signe $\times$ qui se prononce *multiplié par*. Ainsi 7×5 se prononce : sept multiplié par cinq, et signifie que l'on doit répéter 7 cinq fois.

22. PREMIER CAS. Les deux facteurs sont moindres que 10. On fait, une fois pour toutes, les produits des nombres moindres que 10 par chaque nombre moindre que 10, et l'on consigne les résultats dans un tableau.

FORMATION DE LA TABLE DITE DE PYTHAGORE.

On écrit sur une ligne horizontale les neuf premiers nombres :

(1) 1. 2. 3. 4. 5. 6. 7. 8. 9.

Puis on ajoute ces nombres à eux-mêmes en disant :

$$1 + 1 = 2, \quad 2 + 2 = 4, \quad 3 + 3 = 6... \text{ etc.}$$

et l'on obtient ainsi

(2) 2. 4. 6. 8. 10. 12. 14. 16. 18.

Cette seconde ligne contient évidemment les produits par 2 des neuf premiers nombres.

En ajoutant la première ligne avec la deuxième on aura les neuf premiers nombres répétés une fois, plus deux fois, c'est-à-dire trois fois.

(3) 3. 6. 9. 12. 15. 18. 21. 24. 27.

On continue ainsi en ajoutant toujours la première ligne avec la dernière obtenue, et l'on arrivera au tableau suivant :

1	2	3	4	5	6	7	8	9
2	4	6	8	10	12	14	16	18
3	6	9	12	15	18	21	24	27
4	8	12	16	20	24	28	32	36
5	10	15	20	25	30	35	40	45
6	12	18	24	30	36	42	48	54
7	14	21	28	35	42	49	56	63
8	16	24	32	40	48	56	64	72
9	18	27	36	45	54	63	72	81

Pour trouver au moyen de ce tableau le produit de 7 par 5 par exemple, on prend le multiplicande 7 dans la première ligne horizontale et le multiplicateur 5 dans la première ligne verticale. Le produit 35 se trouve à la rencontre des deux colonnes correspondantes.

23. DEUXIÈME CAS. Le multiplicande est plus grand que 10 et le multiplicateur est moindre que 10. *Exemple :* 437×5 ou 437 multiplié par 5.

Pour répéter cinq fois 437 on pourrait écrire cinq fois 437

```
      437          et faire l'addition en disant :
      437          7 et 7 font 14, et 7 font 21,
      437          et 7 font 28, et 7 font 35, je
      437          pose 5 et retiens 3 ; etc.; mais
      437          il est plus simple d'écrire une
    -----
     2185          seule fois le multiplicande
```

437, puis le multiplicateur 5 sous le multiplicande, et, se

$$\begin{array}{r} 437 \\ 5 \\ \hline 2185 \end{array}$$

servant de la table de Pythagore, dire : 5 fois 7 font 35, je pose 5 et retiens 3; 5 fois 3 font 15 et 3 de retenue font 18, je pose 8 et retiens 1; 5 fois 4 font 20 et 1 font 21, je pose 1 et avance 2.

Règle pratique. Après avoir écrit le multiplicateur sous le multiplicande, on multiplie successivement chaque chiffre du multiplicande par le multiplicateur, en commençant par la droite. On pose le chiffre des unités du premier produit partiel et l'on retient les dizaines pour les ajouter au produit partiel suivant ; et ainsi de suite.

24. Pour multiplier un nombre par 10 il suffit d'écrire un zéro à sa droite. Ainsi $437 \times 10 = 4370$. En effet, chaque chiffre se trouvant reculé d'un rang à gauche exprime des unités dix fois plus fortes. Donc le nombre a été rendu dix fois plus fort, c'est-à-dire multiplié par 10.

De même pour multiplier un nombre par 100, par 1000,..... il suffira d'écrire à sa droite deux zéros, trois zéros.....

25. Pour multiplier un nombre par un chiffre suivi d'un zéro, il suffit de multiplier le nombre par ce chiffre, puis multiplier le produit par 10.

Ainsi pour multiplier 437 par 40, on peut multiplier 437 par 4, puis le produit par 10.

En effet, supposant que l'on ait écrit 4 fois 437, si l'on répète cette colonne 10 fois, on aura bien 40 fois 437.

Donc pour multiplier 437 par 40, on multipliera 437 par 4, ce qui donne 1748, puis pour multiplier par 10 le produit 1748, on écrira un zéro à sa droite, ce qui donne 17480.

De même pour multiplier un nombre par 800, on multipliera ce nombre par 8, puis le produit par 100 en écrivant deux zéros à sa droite ; et ainsi de suite.

26. Troisième cas. Les deux facteurs sont plus grands que 10. *Exemple* : 437 $\times$ 845 ou 437 multiplié par 845.

Au lieu de répéter 845 fois le multiplicande 437, on peut le répéter d'abord 5 fois, puis 40 fois, puis 800 fois, et ajouter ces trois produits partiels. Il est clair que la somme sera 845 fois le multiplicande, c'est-à-dire le produit cherché.

$$
\begin{array}{r}
437 \\
845 \\
\hline
\end{array}
$$

2185..........	5 fois le multiplicande.
17480........	40 fois le multiplicande.
349600........	800 fois le multiplicande.
369265	845 fois le multiplicande.

Le produit de 437 par 5 s'obtient par le n° **23.**

Le produit de 437 par 40 s'obtient (d'après le n° **25**) en écrivant un zéro sous le 5, puis multipliant 437 par 4 (n° **23.**)

Le produit de 437 par 800 s'obtient de même en écrivant deux zéros à la droite du produit de 437 par 8.

Remarque. Ces zéros ne comptant pas dans l'addition des trois produits, on se dispense de les écrire ; mais il faut avoir soin de reculer le premier chiffre de chaque produit partiel d'un rang vers la gauche.

Le même raisonnement est applicable à l'exemple suivant :

$$
\begin{array}{r}
7824 \\
302 \\
\hline
\end{array}
$$

15648..........	2 fois le multiplicande.
2347200........	300 fois le multiplicande.
2362848........	302 fois le multiplicande.

Règle pratique. Après avoir écrit le multiplicateur sous le multiplicande, on multiplie le multiplicande successivement par chaque chiffre du multiplicateur en commençant par la droite, et ayant soin que le chiffre des unités de chaque produit partiel soit dans la même colonne verticale que le chiffre du multiplicateur que l'on considère. La somme des produits partiels donne le produit cherché.

27. Un produit de deux facteurs ne change pas si on intervertit l'ordre des facteurs. Ainsi $7 \times 3 = 3 \times 7$.

Ecrivons 7 unités sur une ligne horizontale et répétons
1 1 1 1 1 1 1   cette ligne trois fois. En
1 1 1 1 1 1 1   comptant les unités des li-
1 1 1 1 1 1 1   gnes horizontales on a 7 ré-
pété 3 fois ou 7×3; en comptant les unités des lignes verticales on a 3 répété 7 fois ou 3×7. Or, de quelque manière que l'on compte, le nombre d'unités est le même.
Donc $7 \times 3 = 3 \times 7$.

28. Ce principe est vrai aussi pour un nombre quelconque de facteurs, c'est-à-dire que le produit de plusieurs facteurs ne change pas si on intervertit l'ordre des facteurs

Cas particulier de la multiplication. Lorsque l'un des facteurs ou les deux facteurs sont terminés par des zéros, on fait la multiplication en négligeant ces zéros; mais à la droite du produit on écrit autant de zéros qu'il y en avait dans les facteurs.

Exemple : $75300 \times 18000 = 753 \times 100 \times 18 \times 1000 = 753 \times 18 \times 100000$.

29. Preuve de la multiplication. — La preuve de la multiplication est basée sur le n° **27.** On recommence l'opération en prenant pour multiplicande le multiplicateur et réciproquement; on doit trouver le même produit.

30. On appelle *puissance* d'un nombre le produit de plusieurs facteurs égaux à ce nombre. Ainsi :

$$7 \times 7 = \quad 49 \text{ est la 2}^e \text{ puissance de 7 et s'écrit } 7^2.$$
$$7 \times 7 \times 7 = \quad 343 \text{ est la 3}^e \text{ puissance de 7 et s'écrit } 7^3.$$
$$7 \times 7 \times 7 \times 7 = 2401 \text{ est la 4}^e \text{ puissance de 7 et s'écrit } 7^4.$$

Les chiffres 2, 3, 4 placés à droite du nombre 7 et un peu au-dessus pour indiquer la puissance, s'appellent *exposants*.

Formation des puissances de 10.
$$10 \qquad = 2 \times 5$$
$$100 \text{ ou } 10^2 = 2 \times 5 \times 2 \times 5 = 2 \times 2 \times 5 \times 5 = (n° 28)$$
$$2^2 \times 5^2 = 4 \times 25.$$
$$1000 \text{ ou } 10^3 = 2 \times 5 \times 2 \times 5 \times 2 \times 5 = 2 \times 2 \times 2 \times$$
$$5 \times 5 \times 5 = 2^3 \times 5^3 = 8 \times 125.$$

31. On appelle nombre *concret* celui dont on énonce l'espèce d'unité. *Exemple* : 7 billes, 23 ouvriers, 412 heures.

On appelle nombre *abstrait* celui dont on n'énonce pas l'espèce d'unité. *Exemple* : 19, 243, 7826.

32. Dans les problèmes sur les nombres concrets qui conduisent à une multiplication, le multiplicande reste concret, le multiplicateur devient abstrait, et le produit est concret de même espèce que le multiplicande.

Exemple : Un ouvrier fait 235 mètres, combien feront 18 ouvriers.

Pour résoudre le problème il faut répéter 235 mètres 18 fois. (Il serait absurde de dire que l'on multiplie 235 mètres par 18 ouvriers.)

On voit que le multiplicande 235 mètres reste concret,

que le multiplicateur 18 devient abstrait. Quant au produit, il exprimera des mètres comme le multiplicande.

EXERCICES.

33. 1. Une personne gagne 218 francs par mois : combien gagne-t-elle en 7 mois ?
Réponse. 218 $^{fr.}$ $\times$ 7 = 1526 francs.

2. Un ouvrier fait 235 mètres; combien feront 36 ouvriers?
Réponse. 235 ^{m} $\times$ 36 = 8460 mètres.

3. Un marchand a acheté 23 pièces de drap à 729 fr. la pièce; 41 pièces de toile à 378 fr. la pièce; 18 pièces de mousseline à 234 fr. la pièce. Quel est le montant de sa facture ?
Réponse. (729 $\times$ 23) + (378 $\times$ 41) + (234 $\times$ 18) ou
16767 + 15498 + 4212 = 36477 fr.

4. Sachant que le jour contient 24 heures, et l'heure 60 minutes, combien y a-t-il de minutes dans 19 jours 7 heures?
Réponse. 19 jours contiennent 24 $^{h.}$ $\times$ 19 = 456 heures. Donc 19 jours 7 heures valent 456 + 7 = 463 heures. 463 heures contiennent 60 $\times$ 463 = 27780 minutes.

DIVISION.

34. PREMIÈRE DÉFINITION. La Division a pour but de *trouver le second facteur d'un produit, connaissant le produit et l'autre facteur.*

Le produit connu s'appelle *dividende.*
Le facteur connu s'appelle *diviseur.*
Le facteur inconnu s'appelle *quotient.*

Pour indiquer que l'on doit diviser un nombre par un autre nombre, on les sépare par le signe : qui se prononce *divisé par*.

Ainsi 35 : 7 signifie que l'on doit diviser 35 par 7, et se prononce 35 divisé par 7.

35 étant le produit de 7 par 5 (n° **22**), le produit donné 35 est le dividende, le facteur donné 7 est le diviseur, et le facteur 5 que l'on ne donne pas est le quotient.

35. DEUXIÈME DÉFINITION. Partager 35 francs entre 5 personnes. Le quotient 7 francs est *concret* de même espèce que le dividende. Dans ce cas on peut employer la définition suivante : La division a pour but de *partager un nombre appelé dividende en autant de parties égales qu'il y a d'unités dans un autre nombre appelé diviseur*.

36. TROISIÈME DÉFINITION. Combien y a-t-il de fois 5 francs dans 35 francs. Ici c'est le diviseur 5 francs qui est *concret* de même espèce que le dividende 35 francs, et l'on peut dire dans ce cas que *la division a pour but de chercher combien de fois le diviseur est contenu dans le dividende*.

37. REMARQUE. La deuxième et la troisième définition ne peuvent pas s'employer l'une pour l'autre. C'est le genre de la question que l'on a à résoudre qui détermine celle des deux définitions que l'on doit prendre.

Quand le quotient sera concret, on prendra la deuxième définition; quand le quotient sera abstrait, on prendra la troisième. (*V.* n° **49.**)

Au contraire la première définition est générale parce qu'elle s'applique à des nombres abstraits.

38. On peut déterminer à l'inspection du dividende et du diviseur, le nombre de chiffres qu'aura le quotient.

Pour cela on écrit des zéros à la droite du diviseur jusqu'à ce que le nombre ainsi formé soit supérieur au dividende. Le nombre de zéros qu'on a écrits est le nombre des chiffres du quotient.

Exemple. 423567 : 728.

728000 étant plus grand que 423567, on voit que trois zéros suffisent pour rendre le diviseur plus grand que le dividende ; le quotient aura trois chiffres.

Démonstration. 423567 est plus grand que 728 $\times$ 10 ou 7280 ; donc le dividende contenant plus de dix fois le diviseur, le quotient est plus grand que 10.

423567 est plus grand que 728 $\times$ 100 ou 72800 ; donc le dividende contenant plus de 100 fois le diviseur, le quotient est plus grand que 100.

423567 est plus petit que 728 $\times$ 1000 ou 728000, donc le dividende contenant moins de 1000 fois le diviseur, le quotient est moindre que 1000.

Le quotient étant compris entre 100 et 1000 aura 3 chiffres.

39. Premier cas. Le diviseur est plus petit que 10, et le quotient doit être plus petit que 10 (n° **38**).

Exemple : 35 divisé par 7 ou 35 : 7.

Pour trouver le quotient, on prend la table de Pythagore.

1	2	3	4	5	6	7	8	9
2	.	.	.	.	.	14	.	.
3	.	.	.	.	.	21	.	.
4	.	.	.	.	.	28	.	.
5	.	.	.	.	.	35	.	.
6	.	.	.	.	.	42	.	.
7	.	.	.	.	.	49	.	.
8	.	.	.	.	.	56	.	.
9	.	.	.	.	.	63	.	.

On prend le diviseur 7 dans la première ligne horizontale, et l'on cherche dans la colonne verticale correspondante le dividende 35. On le trouve à la cinquième ligne. On en conclut que le quotient est 5.

Car si 7 multiplié par 5 égale 35   ou $7 \times 5 = 35$
    35   divisé par 7 égale 5 ou $35 : 7 = 5$
d'après la première définition de la division.

Si l'on avait à diviser 38 par 7, comme 38 est compris entre 35 et 42, on en conclut que le quotient est compris entre 5 et 6. Dans ce cas, en retranchant 35 de 38 on trouve 3, et l'on dit que le quotient est 5 et le *reste* 3.

On verra au n° **73** le moyen de compléter le quotient d'une division qui donne un reste.

40. Deuxième cas. Le diviseur est plus grand que 10 et le quotient doit être plus petit que 10 (n° **38**).

Exemple : 1927 : 391.

Supposons qu'on ait continué la table de Pythagore jusqu'à 391 :

1	2	3	.	.	.	.	.	.	.	.	391
	2	.	.	.	.	.	.	.	.	.	782
	3	.	.	.	.	.	.	.	.	.	1173
	4	.	.	.	.	.	.	.	.	.	1564
	5	.	.	.	.	.	.	.	.	.	1955
	6	.	.	.	.	.	.	.	.	.	2346
	7	.	.	.	.	.	.	.	.	.	2737
	8	.	.	.	.	.	.	.	.	.	3128
	9	.	.	.	.	.	.	.	.	.	3510

On cherchera comme au premier cas le dividende dans la colonne verticale correspondante au diviseur 391. On voit que le dividende 1927 est compris entre la quatrième ligne et la cinquième, on en conclut que le quotient est 4.

Le reste est 1927 — 1564 = 363.

```
1927 |391
1564 |4
————
 363
```

Mais il n'est pas nécessaire de faire tous les produits de 391 par 1, 2, 3, 4, 5, 6, 7, 8, 9.

Considérons les plus hautes unités du diviseur (qui sont ici 3 centaines) et les unités de même ordre du dividende (qui sont 19 centaines).

Divisant 19 par 3 on trouve 6 d'après le premier cas.

Or, puisque 3 centaines ne peuvent être contenues plus de 6 fois dans 19 centaines, le diviseur 391, qui est plus grand que 300, ne pourra être contenu plus de 6 fois dans le dividende 1927 ; c'est-à-dire que le quotient ne peut être plus grand que 6. Alors il est inutile de faire le produit de 391 par 7, 8, 9.

On fera les produits de 391 d'abord par 6, puis par 5, par 4, etc... jusqu'à ce qu'on obtienne le dividende 1927 ou deux produits qui comprennent entre eux le dividende.

Le tableau ci-dessous renferme les produits que l'on a dû faire pour arriver à une détermination certaine du chiffre du quotient.

1...... 391.
2...... produit inutile.
3...... produit inutile.
4...... 1564 plus petit que 1927.   4, trop faible.
5...... 1955 plus grand que 1927.   5, trop fort.
6...... 2346 plus grand que 1927.   6, trop fort.
7...... produit inutile.
8...... produit inutile.
9...... produit inutile.

On voit par ce tableau que 4 étant trop faible on a été dispensé de faire les produits de 391 par 3, 2, 1.

41. REMARQUE. La division étant une opération inverse de la multiplication, on ne doit pas être surpris de n'arriver à la détermination du chiffre du quotient qu'après des tâtonnements qui tiennent aux nombreuses inconnues de la question. La méthode ne peut enseigner qu'à régler l'ordre dans lequel ils doivent être effectués. L'habitude du calcul peut seule diminuer le nombre de ces tâtonnements.

42. Il peut arriver, qu'en ne suivant pas la marche indiquée plus haut, on écrive au quotient, par trop de précipitation, un chiffre trop faible. On s'apercevra de cette faute en remarquant que le reste sera égal ou supérieur au diviseur. Ainsi dans l'exemple que nous avons choisi, si l'on eût placé au quotient le chiffre 3, le reste 754 contenant encore le diviseur 391, on verrait que 3 est trop faible.

```
1927 |391
1173 |3
————
 754
```

43. RÈGLE PRATIQUE du deuxième cas de la division. On divise par les plus hautes unités du diviseur les unités de même ordre du dividende. On obtient ainsi le quotient ou un chiffre trop fort ; si le produit du diviseur par le chiffre obtenu peut se retrancher du dividende, ce chiffre est bon ; si ce produit ne peut être retranché, on fait le produit du diviseur par un chiffre inférieur d'une unité, et ainsi de suite.

44. TROISIÈME CAS. Le diviseur est quelconque : et le quotient doit être plus grand que 10 (n° **38**). *Ex.* 1928835 : 391.

Pour expliquer la règle, supposons d'après la deuxième définition (n° **35**) que l'on se propose de partager 1928835 francs entre 391 personnes (1).

On voit d'après le n° **38** qu'il y aura 4 chiffres au quotient : des mille, des centaines, des dizaines, des unités.

---

(1) *V.* au n° 457 une autre explication de cette opération.

Pour savoir combien de mille francs aura chaque personne, on divise 1928 mille par 391 (2ᵉ cas). On trouve 4 mille au quotient et 364 mille pour reste.

```
1928835 |391
1564    |4933
 3648
 3519
 1293
 1173
 1205
 1173
   32
```

Pour savoir combien de centaines de francs aura chaque personne, on convertit 364 mille en 3640 centaines qui, ajoutées aux 8 centaines du dividende, donnent 3648 centaines. On divise 3648 par 391 (2ᵉ cas), on trouve 9 centaines au quotient et 129 centaines pour reste.

Pour savoir combien de dizaines de francs aura chaque personne, on convertit 129 centaines en 1290 dizaines qui, ajoutées aux 3 dizaines du dividende, donnent 1293 dizaines. On divise 1293 par 391, on trouve 3 dizaines au quotient et 120 dizaines pour reste.

Pour savoir combien d'unités aura chaque personne, on convertit 120 dizaines en 1200 unités qui, ajoutées aux 5 unités du dividende, donnent 1205 unités. On divise 1205 par 391, on trouve au quotient 3 unités et 32 unités pour reste.

RÈGLE PRATIQUE. On prend sur la gauche du dividende assez de chiffres pour contenir le diviseur au moins une fois, et moins de dix fois. On divise ce groupe de chiffres par le diviseur, et l'on écrit le chiffre obtenu au quotient. On multiplie le diviseur par ce chiffre et l'on retranche le produit du dividende partiel.

On écrit à la droite du reste le chiffre du dividende qui suit le groupe de chiffres formant le premier dividende partiel; on forme ainsi le second dividende partiel que l'on divise par le diviseur. On écrit le chiffre obtenu à la droite du premier chiffre du quotient et ainsi de suite.

45. *Preuve de la division*. On est arrivé au reste 32 en retranchant successivement du dividende les produits du diviseur par les mille, les centaines, les dizaines et les unités du quotient. Donc le dividende contient tout ce qu'on en a retranché (c'est-à-dire le produit du diviseur par le quotient), plus le reste.

Donc on fera la preuve de la division en mulitipliant le diviseur par le quotient, et, ajoutant le reste, on devra retrouver le dividende.

46. Iʳᵉ Remarque. Si l'un des dividendes partiels était moindre que le diviseur, on écrirait 0 au quotient et on abaisserait le chiffre suivant pour continuer l'opération.

47. 2ᵉ Remarque. Dans la pratique on n'écrit pas les produits du diviseur par les différents chiffres du quotient. On fait ces produits mentalement et on les retranche des différents restes.

48. 3° Remarque. Quand le diviseur n'a qu'un chiffre, on n'écrit pas les dividendes partiels. *Exemple* : 78439 : 5. On opère en disant :

$$
\begin{array}{r|l}
78439 & 5 \\
4 & \overline{15687} \\
\end{array}
$$

En 7 combien de fois 5 ? 1 fois ; 1 fois 5 = 5 de 7 reste 2.
En 28 combien de fois 5 ? 5 fois ; 5 fois 5 = 25 de 28 reste 3.
En 34 combien de fois 5 ? 6 fois ; 6 fois 5 = 30 de 34 reste 4.
En 43 combien de fois 5 ? 8 fois ; 8 fois 5 = 40 de 43 reste 3.
En 39 combien de fois 5 ? 7 fois ; 7 fois 5 = 35 de 39 reste 4.

EXERCICES.

49. 1. Par quel nombre faut-il multiplier 45 pour avoir 720 au produit ?

Réponse. 720 : 45 = 16 (*V*. le n° **34**).

2. Une personne a gagné 1526 francs en 7 mois ; combien gagne-t-elle par mois ?

Réponse. Il faut partager 1526 francs en 7 parties égales. 1526 fr. : 7 = 218 francs. Le quotient est ici concret (n° **35**).

3. Des ouvriers ont fait 4230 mètres. On demande combien ils étaient, sachant que chaque ouvrier a fait 235 mètres.

Réponse : Il faut chercher combien de fois 235 mètres sont contenus dans 4230 mètres. 4230 : 235 = 18.

Le diviseur est ici concret de même espèce que le dividende (n° **36**).

4. Combien y-a-t-il d'heures et de jours dans 27788 minutes ? *Réponse* : Puisque 60 minutes valent une heure, autant de fois 60 sera contenu dans 27788, autant nous aurons d'heures dans 27788. On est donc conduit à diviser 27788 par 60.

27788	60		On trouve 463 heures et 8 mi-
378	463	24	nutes. On divise de même 463
188	223	19	par 24. On trouve 19 jours,
8	7		7 heures.

La réponse est donc 19 jours, 7 heures, 8 minutes.

MULTIPLES ET DIVISEURS.

50. On appelle *multiple* d'un nombre tout produit de ce nombre par un autre nombre entier. Ainsi 35 est un multiple de 7 parce que 35 est égal à 7 multiplié par 5. De même 54 est un multiple de 9 parce que $54 = 9 \times 6$.

51. Réciproquement la division de 35 par 7 donnant un quotient 5 sans reste, on dit que 7 est un *diviseur* ou un *sous-multiple* de 35. De même 9 est un diviseur de 54.

On dit aussi que 35 est *divisible* par 7 et que 54 est divisible par 9.

52. Tout diviseur de plusieurs nombres est un diviseur de leur somme.

Ainsi 6 divisant 30, 12, 42, divise la somme $30 + 12 + 42$, en effet :

$$30 = 6 \times 5 = 6 + 6 + 6 + 6 + 6$$
$$12 = 6 \times 2 = 6 + 6$$
$$42 = 6 \times 7 = 6 + 6 + 6 + 6 + 6 + 6 + 6$$

La somme $30 + 12 + 42$ se composant d'un certain nombre de fois 6 est divisible par 6.

53. REMARQUE. La somme $30 + 12 + 42$ se compose de 5 fois 6, plus 2 fois 6, plus 7 fois 6, c'est-à-dire de $5 + 2 + 7$ ou 14 fois 6. Ce qu'on écrit ainsi :

$$6 \times 5 + 6 \times 2 + 6 \times 7 = 6 (5 + 2 + 7).$$

C'est ce qu'on appelle mettre 6 *en facteur commun*.

54. Si au lieu des nombres différents 30, 12, 42, on considère les nombres égaux 30, 30, 30, on voit que 6 divisant

30, divise 30 + 30 + 30 ou 30 × 3. Donc tout diviseur d'un nombre divise les multiples de ce nombre.

55. Tout diviseur de deux nombres est un diviseur de leur différence.

Ainsi 6 divisant 42 et 30, divise la différence 42 — 30 = 12.

En effet 42 = 6 + 6 + 6 + 6 + 6 + 6 + 6.
30 = 6 + 6 + 6 + 6 + 6.

On voit que la différence 42 — 30 se composant de 2 fois 6 est divisible par 6.

56. L'égalité 42 — 30 = 12 peut s'écrire 42 = 30, + 12 (n° **19**).

L'énoncé précédent peut se remplacer ainsi : Tout diviseur d'une somme 42, et de l'une de ses parties 30 est un diviseur de l'autre partie 12.

CARACTÈRES DE DIVISIBILITÉ.

On se propose de montrer à quels caractères on pourra reconnaître qu'un nombre est divisible par d'autres nombres.

CARACTÈRE DE DIVISIBILITÉ D'UN NOMBRE PAR 2.

57. Un nombre est divisible par 2 quand son dernier chiffre à droite est pair, c'est-à-dire divisible par 2. Les chiffres pairs sont 2, 4, 6, 8, 0.

On s'appuie sur ce fait que 2 fois 5 faisant 10, 2 et 5 divisent 10.

Exemple : 936 est divisible par 2 parce que le dernier chiffre à droite est pair. En effet, 936 = 930 + 6.

Or, 2 divise 10, par suite 930 = 93 × 10 (n° **54**).

2 divise 6, donc 2 divise la somme 930 + 6 = 936 (n° **52**).

CARACTÈRE DE DIVISIBILITÉ D'UN NOMBRE PAR 5.

Un nombre est divisible par 5 quand le dernier chiffre à droite est 0 ou 5.

Ainsi 4935 est divisible par 5 parce que le dernier chiffre à droite est 5. En effet, $4935 = 4930 + 5$.

Or, 5 divise 10, par suite 493×10 ou 4930 (n° **54**).

5 divise 5; donc 5 divise la somme $4930 + 5$ ou 4935 (n° **52**).

CARACTÈRE DE DIVISIBILITÉ PAR 4.

58. Un nombre est divisible par 4 quand le nombre formé par ses deux derniers chiffres à droite est divisible par 4. On s'appuie sur ce fait que 4 fois 25 faisant 100, 4 et 25 divisent 100.

Exemple : 5736 est divisible par 4 parce que 36 (nombre formé par ses deux derniers chiffres à droite) est divisible par 4.

En effet $5736 = 5700 + 36$.

Or, 4 divise 100, par suite 57×100 ou 5700 (n° **54**).

4 divise 36; donc 4 divise la somme $5700 + 36$ ou 5736 (n° **52**).

CARACTÈRE DE DIVISIBILITÉ PAR 25.

Un nombre est divisible par 25 quand le nombre formé par ses deux derniers chiffres à droite est divisible par 25.

Ex : $15975 = 15900 + 75$. Même raisonnement.

CARACTÈRE DE DIVISIBILITÉ PAR 8 ET PAR 125.

59. Un nombre est divisible par 8 quand le nombre formé par ses trois derniers chiffres à droite est divisible par 8.

On s'appuie sur ce fait que $8 \times 125 = 1000$.

Raisonnement analogue aux précédents.

2.

CARACTÈRE DE DIVISIBILITÉ PAR 9.

60. Un nombre est divisible par 9 quand la somme de ses chiffres est divisible par 9.

Ainsi 53424 est divisible par 9 parce que la somme $5 + 3 + 4 + 2 + 4 = 18$ est divisible par 9. En effet,

$$10000 = 9999 + 1 \text{ d'où } 50000 = 5 \times 9999 + 5$$
$$1000 = 999 + 1 \text{ d'où } 3000 = 3 \times 999 + 3$$
$$100 = 99 + 1 \text{ d'où } 400 = 4 \times 99 + 4$$
$$10 = 9 + 1 \text{ d'où } 20 = 2 \times 9 + 2$$
$$4 = 0 \times 9 + 4$$

En ajoutant, on voit que la somme $50000 + 3000 + 400 + 20 + 4$ donne le nombre proposé 53424 et qu'elle se compose 1° : de $5 \times 9999 + 3 \times 999 + 4 \times 99 + 2 \times 9$, somme évidemment divisible par 9 ; 2° de $5 + 3 + 4 + 2 + 4$, la somme des chiffres.

Si donc cette seconde partie est divisible par 9, le nombre lui-même sera divisible par 9 (n° **52**).

CARACTÈRE DE DIVISIBILITÉ PAR 3.

60 *bis.* Un nombre est divisible par 3 quand la somme de ses chiffres est divisible par 3.

Même raisonnement en remarquant que :

$$10 = 3 \times 3 + 1, \quad 100 = 3 \times 33 + 1, \quad 1000 = 3 \times 333 + 1, \text{ etc.}$$

61. Un nombre est divisible par 6 quand il est divisible par 2 et par 3 $(2 \times 3 = 6)$. *Exemple* : 474.

Un nombre est divisible par 12 quand il est divisible par 4 et par 3 $(4 \times 3 = 12)$. *Exemple* : 528.

Un nombre est divisible par 15 quand il est divisible par 3 et par 5 $(3 \times 5 = 15)$. *Exemple* : 435, etc.

NOMBRES PREMIERS.

62. On appelle *nombre premier* un nombre qui n'a pas
de diviseur autre que lui-même et l'unité. Ex. 11, 3, 17.
Voici la liste des nombres premiers jusqu'à 200.

1	2	3	5	7	11	13	17	19	23	29	31
37	41	43	47	53	59	61	67	71	73	79	83
89	97	101	103	107	109	113	127	131	137	139	149
151	157	163	167	173	179	181	191	193	197	199	....

DÉCOMPOSITION D'UN NOMBRE EN SES FACTEURS PREMIERS.

63. On essaye la division du nombre proposé par les
nombres premiers, en commençant par les plus petits.
Lorsque la division réussit, on essaye la division du quotient
obtenu par les nombres premiers à partir du diviseur qui a
réussi, et ainsi de suite.

Exemple : Décomposer en ses facteurs premiers le nombre
4260.

4260 est divisible par 2 (n° **57**), on a : $4260 = 2 \times 2130$.

2130 est divisible par 2 (n° **57**), on a : $2130 = 2 \times 1065$.

Par conséquent $4260 = 2 \times 2130 = 2 \times 2 \times 1065$.

1065 n'est pas divisible par 2, mais il est divisible par 3
(n° **60** *bis*); on a : $1065 = 3 \times 355$.

Par conséquent $4260 = 2 \times 2 \times 1065 = 2 \times 2 \times 3 \times 355$.

355 n'est pas divisible par 3, mais est divisible par 5
(n° **57**); on a $355 = 5 \times 71$.

Par conséquent $4260 = 2 \times 2 \times 3 \times 355 = 2 \times 2 \times 3 \times 5 \times 71$.

Quant au quotient 71, comme il se trouve dans la table
des nombres premiers, il n'admet pas de diviseurs. Et on a :
$4260 = 2^2 \times 3 \times 5 \times 71$ (n° **30**).

On dispose ordinairement cette opération ainsi :

Premier exemple.	4260	2
	2130	2
	1065	3
	355	5
	71	71

Deuxième exemple.	6930	2
	3465	3
	1155	3
	385	5
	77	7
	11	11

On trouve : $6930 = 2 \times 3^2 \times 5 \times 7 \times 11$.

64. Un nombre est divisible par un autre nombre lorsqu'il contient tous les facteurs premiers de cet autre avec des exposants supérieurs ou au moins égaux.

Ainsi $2^3 \times 3^2 \times 5 \times 7^4 \times 17$ est divisible par $2^2 \times 5 \times 7^2$.

Le premier nombre peut s'écrire (nᵒ **30**) sous la forme :

$$2 \times 2 \times 2 \times 3 \times 3 \times 5 \times 7 \times 7 \times 7 \times 7 \times 17.$$

On peut intervertir l'ordre des facteurs (nᵒ **28**) de manière à grouper les facteurs du second nombre $2^2 \times 5 \times 7^2$.
On a ainsi :

$$2_3 \times 3_2 \times 5 \times 7^4 \times 17 = 2 \times 2 \times 5 \times 7 \times 7$$
$$\times 2 \times 3 \times 3 \times 7 \times 7 \times 17.$$

En considérant le facteur $2 \times 2 \times 5 \times 7 \times 7$ comme diviseur du produit $2^3 \times 3^2 \times 5 \times 7^4 \times 17$, l'autre facteur $2 \times 3 \times 3 \times 7 \times 7 \times 17$ est évidemment un quotient entier.

Donc $2^3 \times 3^2 \times 5 \times 7^4 \times 17$ est divisible par $2^2 \times 5 \times 7^2$.

Si le premier nombre ne contient pas tous les facteurs du second, le groupement précédent sera impossible ; le premier nombre ne sera pas divisible par le second.

PLUS GRAND COMMUN DIVISEUR DE PLUSIEURS NOMBRES.

65. On cherche le plus grand nombre qui divise à la fois les nombres donnés.

Règle. On commence par décomposer les nombres donnés en leurs facteurs premiers ; puis on fait le produit des facteurs premiers communs pris chacun avec son plus petit exposant.

Exemple : Quel est le plus grand commun diviseur des nombres 36, 60 et 84?

En décomposant ces nombres en leurs facteurs premiers on trouve : $36 = 2^2 \times 3^2$, $60 = 2^2 \times 3 \times 5$, $84 = 2^2 \times 3 \times 7$.

Le produit des facteurs premiers communs est $2^2 \times 3$ ou 12.

Je dis que $2^2 \times 3$ ou 12 est le plus grand commun diviseur cherché.

En effet, tout diviseur commun aux nombres proposés ne peut contenir que les facteurs 2 et 3 (nº **64**), et les exposants de ces facteurs doivent être au plus égaux à 2 pour le facteur 2 et à 1 pour le facteur 3. Donc tout diviseur commun aux trois nombres proposés est au plus égal à $2^2 \times 3$, et comme $2^2 \times 3$ est un diviseur des trois nombres (nº **64**), il est leur plus grand commun diviseur.

Si les nombres n'ont pas d'autre facteur commun que l'unité, on dit qu'ils sont *premiers entre eux*.

PLUS PETIT COMMUN MULTIPLE DE PLUSIEURS NOMBRES.

66. On cherche le plus petit nombre qui soit à la fois divisible par les nombres donnés.

Règle. On commence par décomposer les nombres en leurs facteurs premiers ; puis on fait le produit des facteurs premiers différents pris chacun avec son plus fort exposant.

Exemple : Quel est le plus petit multiple des nombres 36, 60 et 84 ?

En décomposant ces nombres en leurs facteurs premiers, on trouve :

$$36 = 2^2 \times 3^2, \quad 60 = 2^2 \times 3 \times 5, \quad 84 = 2^2 \times 3 \times 7.$$

Le produit des facteurs premiers différents pris avec les plus forts exposants est $2^2 \times 3^2 \times 5 \times 7$, je dis que ce produit est le plus petit commun multiple cherché.

En effet tout multiple commun aux nombres proposés doit contenir les facteurs 2, 3, 5, 7; et les exposants de ces facteurs doivent être au moins égaux à 2 pour le facteur 2, à 2 pour le facteur 3, à 1 pour les facteurs 5 et 7 (n° **64**). Donc tout multiple commun aux nombres proposés est au moins égal à $2^2 \times 3^2 \times 5 \times 7$, et comme $2^2 \times 3^2 \times 5 \times 7$ est un multiple des trois nombres, il est leur plus petit commun multiple.

FRACTIONS.

Nous avons appelé *quantité* tout ce qui peut être compté.

Exemple : Une collection d'arbres, un troupeau de moutons, etc.

67. On appelle encore *quantité* tout ce qui peut être *mesuré*.

Exemple : La longueur d'un bateau, sa surface, son poids, sa vitesse, etc......

68. *Mesurer* une quantité c'est la comparer à une autre quantité de même espèce que l'on nomme unité.

69. Le résultat de cette comparaison est un *nombre*.

Comme exemple considérons une longueur A B que l'on veut mesurer avec une autre longueur C D prise pour unité.

Il peut se présenter différents cas :

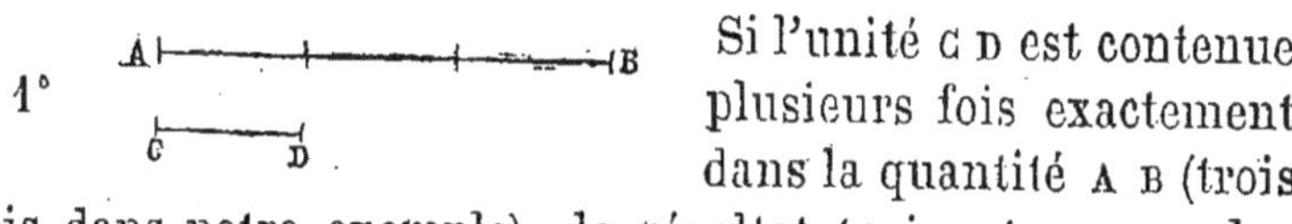

1° Si l'unité c d est contenue plusieurs fois exactement dans la quantité a b (trois fois dans notre exemple), le résultat *trois* est un *nombre entier*.

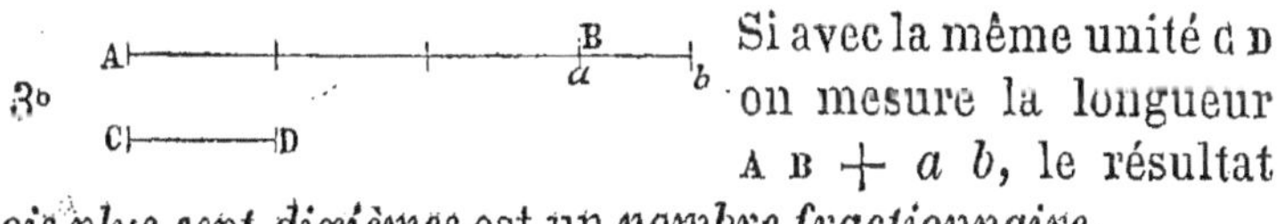

2° Si la quantité *a b* est moindre que l'unité c d, on partage l'unité en parties égales (en dix parties dans notre exemple), et si l'une de ces parties (un dixième) est contenue plusieurs fois exactement dans la quantité *a b* (sept fois dans notre exemple), le résultat *sept dixièmes* est un *nombre fraction*.

3° Si avec la même unité c d on mesure la longueur a b $+$ *a b*, le résultat *trois plus sept dixièmes* est un *nombre fractionnaire*.

Remarque. Si l'on partage en dix parties égales chacune des trois unités que contient la longueur A B, on trouvera trente dixièmes qui, ajoutés aux sept dixièmes de A B feront *trente-sept dixièmes*.

Cette dernière dénomination ressemblant à celle du nombre fraction, on confond quelquefois dans le langage les deux expressions, nombre fraction et nombre fractionnaire.

On verra (aux n°⁵ **75** et **76**) à quel signe on peut les distinguer.

Au lieu de comparer une longueur à une longueur comme nous venons de le faire, on pourrait comparer un poids à un autre poids, une surface à une autre surface, etc..... et on arriverait à des conséquences analogues.

70. On vient de voir que l'on obtient une *fraction* en

partageant l'unité en un certain nombre de parties égales, et en prenant une ou plusieurs de ces parties.

Si l'unité est divisée en 2, 3, 4 parties égales, chaque partie s'appelle une *demie*, un *tiers*, un *quart*.

Si l'unité est divisée en 5, 6, 7..... parties égales, chaque partie s'appelle un *cinquième*, un *sixième*, un *septième*.

71. Une fraction se représente par deux termes:

Le *dénominateur* qui indique en combien de parties égales l'unité est divisée.

Le *numérateur* qui indique combien l'on prend de ces parties.

72. Pour écrire une fraction on place le dénominateur sous le numérateur en les séparant par un trait horizontal.

Exemple : Trois septièmes, s'écrivent $\dfrac{3}{7}$

Le dénominateur 7 indique que l'on a partagé l'unité en sept parties égales.

Le numérateur 3 indique que l'on a pris trois de ces parties.

73. Une fraction indique le quotient de son numérateur par son dénominateur.

Soit à diviser 3 par 7; on a : $3 = 1 + 1 + 1$.

Donc $3 : 7 = \dfrac{1}{7} + \dfrac{1}{7} + \dfrac{1}{7} = \dfrac{3}{7}$; d'où $\dfrac{3}{7} = 3 : 7$.

Dans la division de 38 par 7 on trouve 5 au quotient; mais il reste 3 à diviser en 7 parties. On vient de voir que $3 : 7$ pouvait s'écrire $\dfrac{3}{7}$; donc le quotient complet de cette division est $5 + \dfrac{3}{7}$. Ainsi on complète le quotient d'une division au moyen d'une fraction ayant pour numérateur le reste et pour dénominateur le diviseur.

74. Si après avoir divisé l'unité en 7 parties égales, on prend ces 7 parties, il est évident que l'on prend l'unité entière.

Donc sept septièmes font un, ou $\dfrac{7}{7} = 1$.

De même $\dfrac{5}{5} = 1$, $\dfrac{12}{12} = 1$.

Ainsi quand le numérateur est égal au dénominateur l'expression fractionnaire vaut 1.

75. Si après avoir divisé l'unité en 7 parties égales, l'on prend moins de 7 parties, on aura moins que l'unité entière.

Ainsi $\dfrac{3}{7}$ est plus petit que 1.

De même $\dfrac{2}{5}$ est plus petit que 1 ; $\dfrac{9}{12}$ est plus petit que 1.

Ainsi quand le numérateur est moindre que le dénominateur l'expression fractionnaire est moindre que l'unité. C'est une *fraction*.

76. Si après avoir divisé l'unité en 7 parties égales, on prend plus de sept parties, on aura plus que l'unité entière.

Ainsi $\dfrac{11}{7}$ est plus grand que 1.

De même $\dfrac{8}{5}$ est plus grand que 1, $\dfrac{81}{12}$ est plus grand que 1.

Ainsi quand le numérateur est plus grand que le dénominateur, l'expression fractionnaire est plus grande que 1. C'est *un nombre fractionnaire.*

77. Si l'on partage l'unité en un plus grand nombre de parties égales, les parts seront évidemment plus petites.

Ainsi $\dfrac{1}{12}$ est plus petit que $\dfrac{1}{7}$

Il en résulte que $\dfrac{5}{12}$ est plus petit que $\dfrac{5}{7}$

De même $\dfrac{20}{17}$ est plus petit que $\dfrac{20}{14}$

Donc si deux fractions ont le même numérateur, la *plus petite* est celle qui a le *plus grand* dénominateur.

78. Si l'on partage l'unité en 2 fois, 3 fois, 4 fois.... plus de parties égales, chaque partie est 2 fois, 3 fois, 4 fois plus petite.

Ainsi $\dfrac{1}{7 \times 3}$ ou $\dfrac{1}{21}$ est 3 fois plus petit que $\dfrac{1}{7}$

Donc $\dfrac{5}{21}$ est 3 fois plus petit que $\dfrac{5}{7}$

On voit par là que deux fractions ayant le même numérateur, si le dénominateur de la première est 2 fois, 3 fois, 4 fois.... *plus grand* que le dénominateur de la seconde, la première fraction est 2 fois, 3 fois, 4 fois *plus petite* que la seconde. Réciproquement, la seconde fraction est 2 fois, 3 fois, 4 fois *plus grande* que la première.

79. Si deux fractions ont le même dénominateur, la *plus grande* est celle qui a le *plus grand* numérateur. Ainsi $\dfrac{5}{7}$ est plus grand que $\dfrac{3}{7}$; car le dénominateur 7 étant le même, les parties sont de même grandeur. Or il y a 5 parties dans la première fraction $\dfrac{5}{7}$ et 3 seulement dans la seconde $\frac{3}{7}$, donc la première est plus grande que la seconde.

80. Si deux fractions ont le même dénominateur, et si le numérateur de la première est 2 fois, 3 fois, 4 fois.... *plus grand* que le numérateur de la seconde, la première est 2 fois, 3 fois, 4 fois.... *plus grande* que la seconde. Ainsi $\frac{7 \times 3}{5}$ ou $\frac{21}{5}$ est trois fois plus grand que $\frac{7}{5}$, puisque la première fraction $\frac{21}{5}$ contient trois fois plus de cinquièmes que la seconde $\frac{7}{5}$

Réciproquement la seconde fraction est 3 fois plus petite que la première.

81. Il résulte des n°s **78** et **80** que deux fractions ont la même valeur quand les deux termes de l'une d'elles sont égaux aux deux termes de l'autre multipliés par un même nombre.

Ainsi $\frac{5}{7} = \frac{5 \times 3}{7 \times 3} = \frac{15}{21}$

En effet $\frac{5}{7}$ est 3 fois plus petit que $\frac{15}{7}$ (n°**80**).

$\frac{15}{7}$ est 3 fois plus grand que $\frac{15}{21}$ (n° **78**).

Donc $\frac{5}{7} = \frac{15}{21}$.

82. Réciproquement, la fraction $\frac{15}{21}$ étant donnée, on pourra, sans changer sa valeur, diviser ses deux termes par 3; on obtiendra $\frac{5}{7}$.

Ainsi on *simplifie* une fraction en divisant ses deux termes par un même nombre.

83. *Réduire une fraction à sa plus simple expression.*

On se propose, une fraction étant donnée, d'en trouver une seconde ayant même valeur et dont les termes soient le plus petit possible. *Exemple* : Réduire à sa plus simple expression la fraction $\frac{315}{720}$

On décompose les deux termes en facteurs premiers (n° **63**). On trouve $\frac{315}{720} = \frac{3 \times 3 \times 5 \times 7}{2 \times 2 \times 2 \times 2 \times 3 \times 3 \times 5}$

On divise les deux termes par les facteurs communs 3, 3, 5 (n° **82**), et on a :

$$\frac{315}{720} = \frac{3 \times 3 \times 5 \times 7}{2 \times 2 \times 2 \times 2 \times 3 \times 3 \times 5} = \frac{7}{2 \times 2 \times 2 \times 2} = \frac{7}{16}$$

Cette opération revient à diviser les deux termes par leur plus grand commun diviseur.

Remarque. S'il n'y a pas de facteurs communs au numérateur et au dénominateur, c'est-à-dire si les deux termes de la fraction sont premiers entre eux, la simplification précédente est impossible.

On dit, dans ce cas, que la fraction est *irréductible*.

84. RÉDUIRE DES FRACTIONS AU MÊME DÉNOMINATEUR.

Plusieurs fractions étant données, on se propose de trouver d'autres fractions respectivement équivalentes aux fractions données, et ayant toutes le même dénominateur.

Premier exemple : Réduire au même dénominateur les fractions

$$\frac{3}{7} \ , \ \frac{2}{5} \ , \ \frac{4}{9}$$

On multiplie les deux termes de chaque fraction par les dénominateurs des autres fractions. On a ainsi :

$$\frac{3 \times 5 \times 9}{7 \times 5 \times 9} \ , \ \frac{2 \times 7 \times 9}{5 \times 7 \times 9} \ , \ \frac{4 \times 7 \times 5}{9 \times 7 \times 5}$$

Ou, en effectuant les multiplications,

$$\frac{135}{315} \ , \quad \frac{126}{315} \ , \quad \frac{140}{315}$$

Ces trois dernières fractions sont équivalentes aux proposées, puisqu'on ne change pas la valeur d'une fraction en multipliant ses deux termes par un même nombre (n° 81); d'ailleurs les nouveaux dénominateurs sont égaux entre eux comme étant les produits des mêmes facteurs 7, 5, 9, seulement intervertis (n° 28).

Deuxième exemple : $\quad \dfrac{4}{5} \ , \quad \dfrac{2}{3} \ , \quad \dfrac{5}{2} \ , \quad \dfrac{1}{7}$

$$\frac{4\times3\times2\times7}{5\times3\times2\times7} \ , \quad \frac{2\times5\times2\times7}{3\times5\times2\times7} \ , \quad \frac{5\times5\times3\times7}{2\times5\times3\times7} \ , \quad \frac{1\times5\times3\times2}{7\times5\times3\times2}$$

$$\frac{168}{210} \ , \quad \frac{140}{210} \ , \quad \frac{525}{210} \ , \quad \frac{30}{210}$$

85. Quand on veut comparer plusieurs fractions entre elles il faut les réduire au même dénominateur. Alors il suffit de comparer entre eux les numérateurs (n° 79).

Exemple : Quelle est la plus grande des deux fractions $\dfrac{5}{7}$ et $\dfrac{8}{11}$

En les réduisant au même dénominateur on a :

$$\frac{5\times11}{7\times11} \ , \quad \frac{8\times7}{11\times7} \quad \text{ou} \quad \frac{55}{77} \ , \quad \frac{56}{77}$$

On voit que la seconde est plus grande que la première.

86. *Réduire des fractions au plus petit dénominateur commun.*

Soient les fractions $\dfrac{91}{660} \ , \quad \dfrac{19}{24} \ , \quad \dfrac{23}{630} \ ,$

Nous supposons d'abord que ces fractions sont réduites à leur plus simple expression (n° 83).

On décompose les dénominateurs en facteurs premiers ;

on obtient : $\dfrac{91}{2.2.3.5.11}$; $\dfrac{19}{2.2.2.3}$; $\dfrac{23}{2.3.3.5.7}$.

On cherche le plus petit multiple des dénominateurs (n° **66**), et l'on trouve 2.2.2.3.3.5.7.11 ou 27720.

Ce plus petit multiple est le plus petit dénominateur cherché.

Il manque au dénominateur de la première fraction pour être égal à 2.2.2.3.3.5.7.11 le plus petit dénominateur cherché, les facteurs 2.3.7. Multipliant les deux termes de cette fraction par $2 \times 3 \times 7$ elle devient :

$$\frac{91 \times 2 \times 3 \times 7}{2.2.3.5.11 \times 2 \times 3 \times 7} = \frac{3822}{27720}$$

Il manque au dénominateur de la seconde fraction les facteurs 3.5.7.11. Multipliant les deux termes de cette fraction par $3 \times 5 \times 7 \times 11$, elle devient :

$$\frac{19 \times 3 \times 5 \times 7 \times 11}{2.2.2.3 \times 3 \times 5 \times 7 \times 11} = \frac{21945}{27720}$$

Il manque au dénominateur de la troisième fraction les facteurs 2.2.11. Multipliant les deux termes de cette fraction par $2 \times 2 \times 11$, elle devient :

$$\frac{23 \times 2 \times 2 \times 11}{2.3.3.5.7 \times 2 \times 2 \times 11} = \frac{1012}{27720}$$

Cette opération revient à diviser par chaque dénominateur le plus petit multiple trouvé, et à multiplier les deux termes de chaque fraction par les quotients correspondants.

Remarque. Le dénominateur commun serait par la méthode ordinaire (n° **84**) : $660 \times 24 \times 630 = 9979200$.

JOINDRE UN ENTIER A UNE FRACTION.

87. *Exemple* : $3 + \dfrac{7}{10}$ Une unité valant 10 dixièmes, 3 unités valent 3 fois 10 dixièmes, c'est-à-dire 30 dixièmes. On a donc : $3 + \frac{7}{10} = \frac{30}{10} + \frac{7}{10} = \frac{37}{10}$ (n° **69**). Donc pour joindre un entier à une fraction, on multiplie l'entier par le dénominateur de la fraction, on ajoute le numérateur, et l'on donne à la somme pour dénominateur le dénominateur de la fraction.

88. Réciproquement. EXTRAIRE LES UNITÉS CONTENUES DANS UN NOMBRE FRACTIONNAIRE. *Exemple* : $\frac{37}{10}$.

Il faut 10 dixièmes pour faire 1. Donc autant de fois 10 dixièmes sera contenu dans 37 dixièmes (ou autant de fois 10 sera contenu dans 37), autant nous aurons d'unités dans $\frac{37}{10}$. On est donc conduit à diviser 37 par 10 ; le quotient 3 indique 3 unités. Quant au reste 7 il indique qu'après avoir retranché $\frac{30}{10}$ ou 3 de $\frac{37}{10}$ il reste encore $\frac{7}{10}$

$$\begin{array}{r|l} 37 & 10 \\ 30 & \overline{3} \\ \hline 7 & \end{array}$$

Donc $\frac{37}{10} = \frac{30}{10} + \frac{7}{10} = 3 + \frac{7}{10}$

Ainsi pour extraire les unités contenues dans un nombre fractionnaire, on divise le numérateur par le dénominateur ; le quotient indique le nombre d'unités et l'on complète ce résultat au moyen d'une fraction ayant pour numérateur le reste de la division, et pour dénominateur le dénominateur de la fraction.

REMARQUE. Si la division se fait sans reste, l'expression fractionnaire se représente exactement par un nombre entier.

Exemple : $\frac{21}{7} = 3$, $\frac{72}{9} = 8$

ADDITION DES FRACTIONS.

89. PREMIER CAS. Les fractions à ajouter ont le même dénominateur. *Ex.:* $\dfrac{5}{7} + \dfrac{3}{7} + \dfrac{9}{7}$

La somme devant contenir 5 septièmes + 3 septièmes + 9 septièmes est évidemment égale à (5 + 3 + 9) septièmes. On a donc $\dfrac{5}{7} + \dfrac{3}{7} + \dfrac{9}{7} = \dfrac{17}{7} = 2 + \dfrac{3}{7}$ (n° **88**).

Donc pour ajouter plusieurs fractions ayant même dénominateur, on additionne les numérateurs et l'on donne à la somme pour dénominateur le dénominateur commun.

90. DEUXIÈME CAS. Les fractions à ajouter n'ont pas le même dénominateur. *Ex.:* $\dfrac{3}{7} + \dfrac{2}{5} + \dfrac{4}{9}$

On commence par les réduire au même dénominateur, et l'on trouve (n° **84**): $\dfrac{135}{315} + \dfrac{126}{315} + \dfrac{140}{315}$

On est ainsi ramené au premier cas, et on a pour la somme : $\dfrac{401}{315} = 1 + \dfrac{86}{315}$

REMARQUE. Le calcul sera simplifié si l'on réduit les fractions à leur plus petit dénominateur commun, d'après le n° **86**.

91. Si les fractions sont jointes à des entiers, on ajoute ensemble les entiers et ensemble les fractions.

Ex. : ajouter $18 + \dfrac{3}{7}$ avec $24 + \dfrac{2}{5}$ avec $31 + \dfrac{4}{9}$

La somme des entiers est 73 ; la somme des fractions

est : $\dfrac{401}{315}$ ou $1 + \dfrac{86}{315}$; ce calcul se représente ainsi :

$$\left(18 + \frac{3}{7}\right) + \left(24 + \frac{2}{5}\right) + \left(31 + \frac{4}{9}\right) = 73 + \frac{401}{315} = 73 +$$

$$1 + \frac{86}{315} = 74 + \frac{86}{315}$$

SOUSTRACTION DES FRACTIONS.

92. PREMIER CAS. Les fractions données ont le même dé nominateur. *Ex.* $\quad \dfrac{9}{7} - \dfrac{6}{7}$

En retranchant 6 septièmes de 9 septièmes, le reste est évidemment 3 septièmes.

On a donc $\dfrac{9}{7} - \dfrac{6}{7} = \dfrac{3}{7}$

Donc dans le cas où les deux fractions ont le même dénominateur, on retranche le numérateur de la seconde fraction du numérateur de la première, et l'on donne au reste pour dénominateur le dénominateur commun.

93. DEUXIÈME CAS. Les fractions données n'ont pas le même dénominateur. *Exemple :* $\dfrac{4}{7} - \dfrac{2}{5}$

On commence par les réduire au même dénominateur ; et l'on trouve :

$$\frac{4}{7} - \frac{2}{5} = \frac{20}{35} - \frac{14}{35} = \frac{6}{35}$$

94. Si les fractions sont jointes à des entiers, on retranche les unités entre elles, et les fractions entre elles.

Exemple : Retrancher $11 + \dfrac{2}{5}$ de $19 + \dfrac{4}{7}$

La différence des entiers est 8, la différence des fractions est $\dfrac{6}{35}$; le calcul se représente ainsi :

$$\left(19 + \frac{4}{7}\right) - \left(11 + \frac{2}{5}\right) = 8 + \frac{6}{35}$$

REMARQUE. Il pourrait arriver que la fraction du second nombre fût plus grande que celle du premier.

Exemple : $\left(19 + \dfrac{2}{7}\right) - \left(11 + \dfrac{4}{5}\right)$.

Nous supposerons ici que $\dfrac{2}{7}$ et $\dfrac{4}{5}$ sont des fractions proprement dites, c'est-à-dire moindres que 1, et que $\dfrac{4}{5}$ est plus grand que $\dfrac{2}{7}$.

Alors on emprunte à 19 une unité que l'on convertit en 7 septièmes, et l'on a :

$$\left(19 + \frac{2}{7}\right) - \left(11 + \frac{4}{5}\right) = \left(18 + \frac{9}{7}\right) - \left(11 + \frac{4}{5}\right)$$
$$= 7 + \frac{17}{35}$$

MULTIPLICATION DES FRACTIONS.

95. Multiplier un nombre par un entier c'est répéter ce nombre autant de fois qu'il y a d'unités dans le multiplicateur entier (n° **21**).

Multiplier un nombre par une fraction c'est partager ce

nombre en autant de parties égales qu'il y a d'unités dans le dénominateur de la fraction, puis répéter une de ces parties autant de fois qu'il y a d'unités dans le numérateur de la fraction.

L'exemple suivant fera comprendre ces définitions.

1° Un mètre d'étoffe coûte 5 francs. Combien coûteront 9 mètres?

Réponse : Il faut répéter 5 francs 9 fois. Le prix cherché sera donné par une multiplication.

2° Un mètre d'étoffe coûte 5 francs; combien coûteront $\frac{4}{7}$ de mètre?

Il est évident que si un mètre coûte 5 francs, $\frac{4}{7}$ de mètre coûteront les $\frac{4}{7}$ de 5 francs.

Or, le second problème ayant même énoncé que le premier, doit se résoudre aussi par une multiplication. Donc multiplier 5 par $\frac{4}{7}$ c'est prendre les $\frac{4}{7}$ de 5, c'est-à-dire partager 5 en 7 parties égales, puis répéter une de ces partie 4 fois.

96. PREMIER CAS. Multiplier une fraction par un entier.

Exemple : $\frac{5}{9} \times 3$.

$$\frac{5}{9} \times 3 = \frac{5}{9} + \frac{5}{9} + \frac{5}{9} = \frac{15}{9} \text{ ou } \frac{5 \times 3}{9}$$

Donc pour multiplier une fraction par un entier, on multiplie le numérateur de la fraction par l'entier, et l'on donne au produit pour dénominateur le dénominateur de la fraction.

REMARQUE. Si le dénominateur de la fraction est divisible par le multiplicateur, on obtient le produit en divisant le dénominateur par le multiplicateur.

Exemple : $\dfrac{5}{12} \times 3 = \dfrac{5}{4}$ (n° **78**).

97. Deuxième cas. Multiplier un entier par une fraction.

Exemple : $5 \times \dfrac{4}{7}$ c'est-à-dire (n° **95**) prendre les $\dfrac{4}{7}$ de 5.

Le septième de 5 égale $\dfrac{5}{7}$ (n° **73**).

Les $\dfrac{4}{7}$ de 5 (ou le produit cherché) égale $\dfrac{5 \times 4}{7} = \dfrac{20}{7}$

Donc pour multiplier un entier par une fraction, on multiplie l'entier par le numérateur de la fraction, et l'on donne au produit pour dénominateur le dénominateur de la fraction.

98. Troisième cas. Multiplier une fraction par une fraction. *Exemple* : $\dfrac{5}{9} \times \dfrac{4}{7}$, c'est-à-dire prendre les $\dfrac{4}{7}$ de $\dfrac{5}{9}$ (n° **95**). Le septième de $\dfrac{5}{9}$ égale $\dfrac{5}{9 \times 7}$ (n° **78**).

Les $\dfrac{4}{7}$ de $\dfrac{5}{9}$ (ou le produit cherché) égale $\dfrac{5 \times 4}{9 \times 7} = \dfrac{20}{63}$

Donc pour multiplier deux fractions entre elles, on multiplie les numérateurs entre eux et les dénominateurs entre eux.

99. Remarques. 1° Si le multiplicateur est moindre que 1 ; le produit est plus petit que le multiplicande.

Ainsi le produit de $\dfrac{5}{9}$ par $\dfrac{4}{7}$ étant les $\dfrac{4}{7}$ du multiplicande, $\dfrac{5}{9}$ est moindre que ce multiplicande.

2° Si le multiplicateur est plus grand que 1, le produit est plus grand que le multiplicande.

Ainsi le produit de $\dfrac{5}{9}$ par $\dfrac{11}{7}$ étant les $\dfrac{11}{7}$ du multiplicande, $\dfrac{5}{9}$ est plus grand que ce multiplicande.

3° Si le multiplicateur est égal à 1, le produit est égal au multiplicande.

Ainsi le produit de $\frac{5}{9}$ par $\frac{7}{7}$ étant les $\frac{7}{7}$ du multiplicande est égal à ce multiplicande.

On savait déjà (n° **81**) que $\frac{5 \times 7}{9 \times 7} = \frac{5}{9}$

Si les fractions sont accompagnées d'entiers, on commence par joindre les entiers aux fractions (n° **87**), et l'on rentre dans le troisième cas.

Exemple : Soit $3 + \frac{5}{9}$ à multiplier par $6 + \frac{4}{7}$

Joignant les entiers aux fractions, on a :

$$\frac{32}{9} \times \frac{46}{7} = \frac{1472}{63}$$

Ce calcul se reproduit ainsi :

$$\left(3 + \frac{5}{9}\right) \times \left(6 + \frac{4}{7}\right) = \frac{32}{9} \times \frac{46}{7} = \frac{1472}{63}$$

DIVISION DES FRACTIONS.

100. Premier cas. Diviser une fraction par un entier.

Exemple : $\frac{3}{5} : 6.$

D'après la définition (n° **34**) le quotient inconnu multiplié par le diviseur 6 doit donner le dividende $\frac{3}{5}$

Ou 6 fois le quotient égale $\frac{3}{5}$

Donc le quotient égale le sixième de $\dfrac{3}{5}$

Il est donc égal à $\dfrac{3}{5 \times 6}$ ou $\dfrac{3}{30}$ (nᵒ **78**).

Donc, pour diviser une fraction par un entier, on multiplie le dénominateur de la fraction par l'entier.

Remarque. Si le numérateur de la fraction est un multiple du diviseur, on obtient le quotient en divisant le numérateur par le diviseur.

Exemple : $\dfrac{18}{5} : 6 = \dfrac{3}{5}$ (nᵒ **80**).

101. Deuxième cas. Diviser un entier par une fraction.

Exemple : $7 : \dfrac{3}{4}$

Le quotient inconnu multiplié par le diviseur $\dfrac{3}{4}$ doit donner le dividende 7.

Ou : les $\dfrac{3}{4}$ du quotient $= 7$ (nᵒ **95**).

Donc $\dfrac{1}{4}$ du quotient vaut 3 fois moins ou $\dfrac{7}{3}$

Et les $\dfrac{4}{4}$ du quotient (c'est-à-dire le quotient) valent 4 fois plus ou $\dfrac{7 \times 4}{3}$.

Le quotient cherché est donc $\dfrac{7 \times 4}{3}$ ou $\dfrac{28}{3}$

Donc pour diviser un entier par une fraction, on multiplie l'entier par la fraction diviseur renversée.

102. Troisième cas. Diviser une fraction par une fraction.

Exemple : $\dfrac{7}{9} : \dfrac{3}{4}$

Le quotient inconnu multiplié par le diviseur $\dfrac{3}{4}$ doit donner le dividende $\dfrac{7}{9}$

Ou : les $\dfrac{3}{4}$ du quotient $= \dfrac{7}{9}$

Donc $\dfrac{1}{4}$ du quotient $= \dfrac{7}{9 \times 3}$

Et les $\dfrac{4}{4}$ du quotient (c'est-à-dire le quotient) $= \dfrac{7 \times 4}{9 \times 3}$

$= \dfrac{28}{27}$

Donc pour diviser une fraction par une fraction, on multiplie la fraction dividende par la fraction diviseur renversée.

Si les fractions sont accompagnées d'entiers, on commence par joindre les entiers aux fractions, et l'on rentre dans le troisième cas.

Exemple : soit $5 + \dfrac{7}{9}$ à diviser par $2 + \dfrac{3}{4}$

Joignant les entiers aux fractions, on a :

$$\dfrac{52}{9} : \dfrac{11}{4} = \dfrac{52 \times 4}{9 \times 11} = \dfrac{208}{99}$$

Ce calcul se représente ainsi :

$$\left(5 + \dfrac{7}{9}\right) : \left(2 + \dfrac{3}{4}\right) = \dfrac{52}{9} : \dfrac{11}{4} = \dfrac{208}{99}$$

EXERCICES SUR LES FRACTIONS.

103. On a coupé une pièce d'étoffe en quatre morceaux. Le premier a $\dfrac{5}{6}$ de mètre; le second, $\dfrac{3}{4}$; le troisième, $\dfrac{1}{2}$; le quatrième $\dfrac{2}{3}$, quelle était la longueur de la pièce?

Réponse : $\dfrac{5}{6} + \dfrac{3}{4} + \dfrac{1}{2} + \dfrac{2}{3} = \dfrac{120}{144} + \dfrac{108}{144} + \dfrac{72}{144} +$
$\dfrac{96}{144} = \dfrac{396}{144} = 2 + \dfrac{108}{144} = 2 + \dfrac{3}{4}$ (n° **83**).

Un marchand a vendu 5 livres $\dfrac{3}{4}$ de sucre, puis 7 livres $\dfrac{2}{5}$, puis 2 livres $\dfrac{5}{6}$. Combien a-t-il vendu en tout ?

Réponse : $\left(5 + \dfrac{3}{4} \right) + \left(7 + \dfrac{2}{5} \right) + \left(2 + \dfrac{5}{6} \right) = \left(5 + 7 + 2 \right) + \left(\dfrac{3}{4} + \dfrac{2}{5} + \dfrac{5}{6} \right) = 14 + \dfrac{90}{120} + \dfrac{48}{120} + \dfrac{100}{120}$
$= 14 + \dfrac{238}{120} = 15 + \dfrac{118}{120}$

Un flacon plein d'eau pèse 5 kilog. $\dfrac{2}{3}$; vide il pèse 2 kilog. $\dfrac{1}{4}$. Quel est le poids de l'eau contenue ?

Réponse : $\left(5 + \dfrac{2}{3} \right) - \left(2 + \dfrac{1}{4} \right) = \left(5 - 2 \right) + \left(\dfrac{2}{3} - \dfrac{1}{4} \right)$
$= 3 + \left(\dfrac{8}{12} - \dfrac{3}{12} \right) = 3 + \dfrac{5}{12}$

La hauteur d'une maison composée d'un rez-de-chaussée et d'un premier est de 9 mètres $\dfrac{1}{3}$; la hauteur du rez-de-chaussée est 5 mètres $\dfrac{2}{3}$. Quelle est la hauteur du premier étage ?

Réponse : $\left(9 + \dfrac{1}{3} \right) - \left(5 + \dfrac{2}{3} \right) = \left(8 + \dfrac{4}{3} \right) - \left(5 + \dfrac{2}{3} \right)$
$= \left(3 + \dfrac{2}{3} \right)$

Prendre les $\frac{5}{6}$ de 24.

On a vu au n° **95** que prendre les $\frac{5}{6}$ de 24, c'est multi-plier 24 par $\frac{5}{6}$

Réponse : $24 \times \frac{5}{6} = \frac{24 \times 5}{6} = \frac{120}{6} = 20$

Prendre les $\frac{2}{3}$ des $\frac{5}{6}$ de $\frac{9}{25}$

D'après le problème précédent les $\frac{5}{6}$ de $\frac{9}{25} = \frac{9}{25} \times \frac{5}{6}$

De même les $\frac{2}{3}$ des $\frac{5}{6}$ de $\frac{9}{25} =$ les $\frac{2}{3}$ de $\frac{9}{25} \times \frac{5}{6}$

ou $\frac{9}{25} \times \frac{5}{6} \times \frac{2}{3} = \frac{90}{450} = \frac{1}{5}$

Les $\frac{2}{9}$ d'un nombre font 6. Quel est ce nombre ?

Si les $\frac{2}{9}$ d'un nombre valent 6, $\frac{1}{9}$ de ce nombre vaut 2 fois moins, c'est-à-dire $\frac{6}{2}$

Les $\frac{9}{9}$ de ce nombre (c'est-à-dire le nombre cherché), vau-dront 9 fois plus, ou $\frac{6 \times 9}{2} = 27$.

REMARQUE. Ce problème revient à diviser 6 par $\frac{2}{9}$ (n°ˢ **101, 102.**)

Les $\frac{2}{9}$ et les $\frac{5}{12}$ d'un nombre font 23. Quel est ce nombre?

On a : $\dfrac{2}{9} + \dfrac{5}{12} = \dfrac{24}{108} + \dfrac{45}{108} = \dfrac{69}{108}$. Le problème revient au suivant.

Les $\dfrac{69}{108}$ d'un nombre font 23. Quel est ce nombre ?

On trouvera comme plus haut : $23 \times \dfrac{108}{69} = 36$.

FRACTIONS DÉCIMALES.

104. On appelle *fraction décimale* une fraction dont le dénominateur est une puissance de 10.

Exemple : $\dfrac{4327}{1000}$, $\dfrac{19}{10}$, $\dfrac{53}{10000}$.

105. RÈGLE. On écrit le numérateur, et l'on sépare sur sa droite, par une virgule, autant de chiffres qu'il y a de *zéros* au dénominateur.

Ainsi je dis que $\dfrac{4327}{1000} = 4, 327$. En effet,

$$\frac{4327}{1000} = \frac{4000}{1000} + \frac{300}{1000} + \frac{20}{1000} + \frac{7}{1000} \quad (\text{n}° \; 89).$$

En simplifiant ces fractions on a :

$$\frac{4327}{1000} = \frac{4000}{1000} + \frac{300}{1000} + \frac{20}{1000} + \frac{7}{1000}$$

$$= 4 + \frac{3}{10} + \frac{2}{100} + \frac{7}{1000}$$

Or, d'après le principe fondamental de la numération écrite, tout chiffre placé à la droite d'un autre exprime des unités dix fois plus petites. Donc pour écrire 4 plus 3 dixièmes, plus 2 centièmes, plus 7 millièmes, on écrira le 3 à droite du 4, puis le 2 à droite du 3, et le 7 à droite du 2 ; on aura ainsi : 4, 327.

La virgule sert à séparer les entiers des fractions.

De même $\dfrac{56742}{100}$ s'écrira 567,42.

et $\dfrac{63}{100000}$ s'écrira 0, 00063.

Dans ce dernier exemple, il fallait séparer 5 chiffres sur la droite du numérateur 63; or, ce numérateur n'ayant que deux chiffres, on a dû écrire des zéros à sa gauche.

LIRE UN NOMBRE DÉCIMAL.

106. Réciproquement, 4, 327 peut s'écrire $\dfrac{4327}{1000}$ et se prononce 4327 *millièmes*.

0,00063 peut s'écrire $\dfrac{63}{100000}$ et se prononce 63 *cent millièmes*.

Donc pour lire un nombre décimal on l'écrit en supprimant la virgule, et on lui donne pour dénominateur l'unité suivie d'autant de zéros qu'il y a de chiffres décimaux.

107. REMARQUE. Le nombre 4, 327 étant égal à $4 + \dfrac{3}{10} + \dfrac{2}{100} + \dfrac{7}{1000}$ ou à $4 + \dfrac{327}{1000}$ on pourra le lire ainsi :

4 unités, 3 dixièmes, 2 centièmes, 7 millièmes, ou encore: 4 unités, 327 millièmes.

108. On ne change pas la valeur d'un nombre décimal en écrivant ou en supprimant à sa droite un ou plusieurs zéros.

Ainsi 72,8 = 72,800.

Le premier nombre contient 72 unités et 8 dixièmes. Le second contient 72 unités, 8 dixièmes, 0 centièmes, 0 millièmes. Ils sont donc égaux entre eux.

109. On multiplie un nombre décimal par 10, 100, 1000, etc., en transportant la virgule de 1, 2, 3, etc., rangs vers la droite.

Ainsi $4,327 \times 100 = 432,7$.

En effet, par ce déplacement de la virgule, chaque chiffre

représentant des unités 100 fois plus grandes, le nombre a été multiplié par 100.

De même $72,8 \times 10000 = 728000$.

110. On divise un nombre décimal par 10, 100, 1000, etc., en transportant la virgule de 1, 2, 3 rangs vers la gauche.

Ainsi $428,7 : 100 = 4,287$.

En effet, par ce déplacement de la virgule, chaque chiffre représentant des unités 100 fois plus petites le nombre a été divisé par 100.

De même $7,84 : 10000 = 0,000784$.

ADDITION DES NOMBRES DÉCIMAUX.

111. Le principe fondamental de la numération s'appliquant aux nombres décimaux comme aux nombres entiers, l'addition et la soustraction des nombres décimaux s'effectueront comme celles des nombres entiers.

Pour ajouter entre eux plusieurs nombres décimaux on

$$
\begin{array}{r}
435,7283 \\
0,007 \\
23,05008 \\
\hline
458,78538
\end{array}
$$

les place les uns sous les autres de manière que les virgules soient dans une même colonne verticale (les unités de même espèce se trouveront alors dans une même colonne verticale); on fait la somme comme s'il n'y avait pas de virgules, et, dans cette somme on place une virgule sous la colonne des virgules.

SOUSTRACTION DES NOMBRES DÉCIMAUX.

112. On place les deux nombres l'un sous l'autre, le plus petit sous le plus grand, de manière que les virgules soient dans une même colonne verticale; on fait la soustraction comme s'il n'y avait pas de virgules; et dans le reste on place une virgule sous la colonne des virgules.

<table>
<tr><td>Premier exemple.</td><td>Deuxième exemple.</td></tr>
<tr><td>15,7083</td><td>31,7..</td></tr>
<tr><td>4,2572</td><td>0,028</td></tr>
<tr><td>11,4511</td><td>31,672</td></tr>
</table>

Dans le deuxième exemple, on pourrait écrire deux zéros à la droite de 31,7 (nº **108**) pour égaliser le nombre de décimales.

MULTIPLICATION DES NOMBRES DÉCIMAUX.

113. *Exemple :* 31,432 $\times$ 7,05 et 7,453 $\times$ 24.

RÈGLE. On multiplie sans faire attention aux virgules; puis on sépare sur la droite du produit autant de chiffres décimaux qu'il y en a dans les deux facteurs.

<table>
<tr><td>31,432</td><td>7,453</td></tr>
<tr><td>7,05</td><td>24</td></tr>
<tr><td>157160</td><td>29812</td></tr>
<tr><td>2200240</td><td>14906</td></tr>
<tr><td>221,59560</td><td>178,872</td></tr>
</table>

DÉMONSTRATION : $31{,}432 \times 7{,}05 = \dfrac{31432}{1000} \times \dfrac{705}{100}$ (n° **106**)

$$= \frac{31432 \times 705}{1000 \times 100} = \frac{22159560}{100000} = 221{,}59560.$$

DIVISION DES NOMBRES DÉCIMAUX.

114. PREMIER CAS. Le dividende et le diviseur ont le même nombre de chiffres décimaux. *Exemple* : 71,76 : 3,12.

RÈGLE. On divise sans faire attention aux virgules. Dans

71,76	3,12
9 36	23.
0	

cet exemple, nous trouvons un quotient entier 23 et pas de reste. Pour le cas général voir le n° **116**.

DÉMONSTRATION. $71{,}76 : 3{,}12 = \dfrac{7176}{100} : \dfrac{312}{100}$ (n° **106**)

$$= \frac{7176 \times 100}{312 \times 100} \text{ (n° } \mathbf{102}) = \frac{7176}{312} \text{ (n° } \mathbf{82}).$$

115. DEUXIÈME CAS. Le dividende et le diviseur n'ont pas le même nombre de chiffres décimaux. *Exemple* : 43,5 : 7,892.

RÈGLE GÉNÉRALE. On égalise au moyen de zéros les nombres de chiffres décimaux et l'on est ramené au premier cas.

Ainsi dans notre exemple, le dividende n'ayant qu'un chiffre décimal, et le diviseur en ayant trois, on écrira à la droite du dividende deux zéros (n° **108**) et l'on sera conduit à diviser 43500 par 7892.

DÉMONSTRATION. $43{,}5 : 7{,}892 = \dfrac{435}{10} : \dfrac{7892}{1000} = \dfrac{435 \times 1000}{7892 \times 10}$

$$= \frac{435000}{78920} = \frac{43500}{7892}$$

116. Après avoir disposé l'opération comme nous venons de l'indiquer, la division donne ordinairement un reste. On complète le quotient au moyen d'un nombre décimal.

Reprenons l'exemple 43,5 : 7,892. On a vu que l'on était conduit à diviser 43500 par 7892.

43500	7892
40400	5,51...
9400	
1508	
....	

On trouve 5 unités au quotient, et 4040 unités pour reste.

Par le même raisonnement qu'au n° **44**, on convertit 4040 unités en 40400 dixièmes.

Le quotient 5 exprime des dixièmes ainsi que le reste 940.

On convertit 940 dixièmes en 9400 centièmes ; le quotient 1 exprime des centièmes ainsi que le reste 1508.

On convertira de même 1508 centièmes en 15080 millièmes, etc., et l'on poussera la division aussi loin que l'on voudra.

Le quotient inconnu est compris entre 5,51 et 5,52.

5,51 est la valeur approchée *par défaut* à un centième.

5,52 est la valeur approchée *par excès* à un centième.

Autre exemple : Diviser 2,7 par 56,3157.

En égalisant les décimales on a : 2,7000 : 56,3157.

27000	563157
270000	0,04..
2700000	
447372	
......	

Le dividende étant moindre que le diviseur, il n'y a pas d'unités au quotient. On écrit un zéro, suivi d'une virgule,

On convertit 27000 unités en 270000 dixièmes. Le quotient est 0 dixièmes.

On convertit 270000 dixièmes en 2700000 centièmes.

Le quotient est 4 centièmes et le reste 447372 centièmes.

On convertit 447372 centièmes en 4473720 millièmes, et l'on continuera l'opération.

Autre exemple : Diviser 39,4287 par 5,2.

En égalisant les décimales on aurait à diviser 39,4287 par 5,2000. Mais on peut simplifier l'opération en remarquant que :

$$39,4287 : 5,2 = 39,4287 : \frac{52}{10} = \frac{39,4287 \times 10}{52} =$$

$$= 394,287 : 52.$$

Et l'on fera cette opération comme les précédentes, et en employant les mêmes raisonnements.

```
394,287 | 52
  30 2  | 7,582...
   4 28
    127
     23
```

CONVERSION DES FRACTIONS ORDINAIRES EN DÉCIMALES.

117. Convertir en fraction décimale la fraction $\dfrac{38}{7}$

On se propose de trouver combien cette fraction contient d'unités, de dixièmes, de centièmes, etc.

On est donc conduit à diviser le numérateur 38 par le dénominateur 7, en suivant la même marche que dans les exemples du n° **116**.

Mais dans ces exemples nous avons interrompu les divisions ; et il est clair qu'on aurait pu les continuer sans savoir si jamais on arriverait à un reste nul.

Il est cependant facile de décider, à l'inspection seule du dénominateur, si l'on doit arriver à un reste nul.

Nous supposerons expressément dans ce qui va suivre que les fractions ont été réduites à leur plus simple expression (n° **83**).

4

118. 1° Si le dénominateur décomposé en facteurs premiers ne contient que des facteurs de 10 (2 et 5), on arrivera à un reste nul, c'est-à-dire que la fraction sera exactement réductible en décimales.

Exemple : $\dfrac{17}{40}$ ou $\dfrac{17}{2^3 \times 5}$

1000 étant égal à $2^3 \times 5^3$ est divisible par le dénominateur 40 ou $2^3 \times 5$ (n° **64**). Donc 17000 est divisible par $2^3 \times 5$ (n° **54**).

$$
\begin{array}{c|l}
17 & 40 \\
170 & \overline{0{,}425.} \\
\ \ 100 & \\
\ \ \ 200 & \\
\ \ \ \ 00 &
\end{array}
$$

C'est-à-dire que dans la division de 17 par 40 on arrivera à un reste nul après avoir écrit successivement un zéro à la droite de *trois* restes consécutifs. (Ecrire 3 zéros à la droite du dividende de 17 revient à écrire successivement 1 zéro à la droite de trois restes consécutifs).

En d'autres termes le nombre des chiffres décimaux sera *trois*, le plus fort des exposants des facteurs 2 ou 5 dans le dénominateur.

119. 2° Si le dénominateur décomposé en facteurs premiers contient des facteurs autres que 2 et 5, la fraction ne pourra être réduite exactement en décimales, c'est-à-dire que l'on n'arrivera jamais à un reste nul.

Exemple : $\dfrac{19}{14}$ ou $\dfrac{19}{2 \times 7}$

En écrivant à la droite de 19 un nombre quelconque de zéros, on n'introduit au numérateur 1900000..... que des facteurs 2 et 5 et non pas le facteur 7 qui se trouve au dénominateur. Donc 1900000..... n'est pas divisible par 14 (n° **64**), et par conséquent on n'arrivera jamais à un reste nul.

$$\begin{array}{r|l} 19 & 14 \\ 50 & \overline{1,3571428857\ldots} \\ *80 & \\ 100 & \\ 20 & \\ 60 & \\ 40 & \\ 120 & \\ *80 & \\ 10 & \end{array}$$

En faisant la division, les restes 5, 8, 10, etc., sont nécessairement moindres que le diviseur 14. Donc lorsque nous aurons obtenu au quotient 13 chiffres *au plus* après la virgule, on trouvera un reste précédemment obtenu. (Ici c'est le reste 8 qui se reproduit le premier). En continuant l'opération, et divisant le second reste 80 par 14, on aura au quotient un chiffre précédemment obtenu (5 dans notre exemple) et le même reste (10) et ainsi de suite.

A partir d'un certain chiffre le quotient est donc composé de chiffres qui se reproduisent dans le même ordre. Un nombre décimal de cette espèce s'appelle *fraction périodique.*

Exemples: $\dfrac{7}{5} = 1{,}4$; $\dfrac{17}{40} = 0{,}425$;

$$\dfrac{7}{38} = 5{,}42857142\ldots\ldots$$

CARRÉS ET RACINES CARRÉES.

120. On appelle *carré* d'un nombre le produit de deux facteurs égaux à ce nombre. Ainsi le carré de 7 est 7×7 ou 49. Ce résultat s'indique ainsi $7^2 = 49$.

Carré d'une fraction. Ex. : $\left(\dfrac{4}{7} \right)^2 = \dfrac{4}{7} \times \dfrac{4}{7} = \dfrac{16}{49}$

121. On appelle *racine carrée* d'un nombre un second nombre qui, élevé au carré, reproduit le nombre proposé. Ainsi la racine carrée de 49 est 7, parce que 7 élevé au carré reproduit le nombre proposé 49.

122. On indique la racine carrée d'un nombre en plaçant à sa gauche ce signe $\sqrt{}$ nommé radical. Ainsi $\sqrt{49}$ indique que l'on doit extraire la racine carrée de 49. On a donc $\sqrt{49} = 7$.

123. Voici les carrés des dix premiers nombres.

Nombres. 1. 2. 3. 4. 5. 6. 7. 8. 9. 10.
Carrés. 1. 4. 9. 16. 25. 36. 49. 64. 81. 100.

EXTRACTION DE LA RACINE CARRÉE D'UN NOMBRE.

124. PREMIER CAS. Extraire la racine carrée d'un nombre moindre que 100. Il suffit de consulter le tableau précédent ; Ainsi : $\sqrt{25} = 5$, $\sqrt{64} = 8$.

125. Quant à la racine carrée d'un nombre tel que 42 qui n'est pas contenu dans la ligne des carrés, on remarquera que 42 étant compris entre les deux carrés 36 et 49, $\sqrt{42}$ est comprise entre 6 et 7. On verra au n° **129** le moyen de calculer cette racine plus exactement.

126. Deuxième cas. Extraire la racine carrée d'un nombre plus grand que 100. *Exemple :* $\sqrt{56881764}$.

Règle pratique (1). On commence par partager le nombre en tranches de deux chiffres en commençant par la droite, la dernière tranche à gauche pouvant n'avoir qu'un seul chiffre.

$$
\begin{array}{r|l}
56,88,17,64 & 7542 \\
49 & \overline{} \\
\hline
78,8 & 49 \\
72\ 5 & 145 \times 5 = 725 \\
\hline
6\ 31,7 & 1504 \times 4 = 6016 \\
6\ 01\ 6 & 15082 \times 2 = 30164 \\
\hline
30\ 16,4 & \\
30\ 16\ 4 & \\
\hline
0 &
\end{array}
$$

On extrait la racine carrée du plus grand carré contenu dans la première tranche 56. On trouve 7 qui est le premier chiffre de la racine.

On retranche 49 (carré de ce premier chiffre 7) de la première tranche 56, et, à la droite du reste 7, on abaisse la tranche suivante 88.

On sépare le dernier chiffre à droite de ce nombre 788, et l'on divise la partie à gauche 78 par le double 14 du premier chiffre 7 de la racine. Le quotient 5 de cette division sera égal ou supérieur au second chiffre de la racine.

Pour essayer 5, on l'écrit à droite de 14, et l'on multiplie le nombre ainsi formé 145 par le chiffre essayé 5. Si le pro-

---

(1) Voir au n° **462** l'explication de cette règle pratique.

duit peut se retrancher de 788, c'est que 5 est bon ; sinon on essaiera de la même manière un chiffre inférieur d'une unité. Dans notre exemple, 725 pouvant se retrancher de 788, 5 est bon, et on l'écrit à droite du premier chiffre 7. A la droite du reste 63 on écrit la tranche suivante 17; on sépare le dernier chiffre à droite de ce nombre 6317 et l'on divise la partie à gauche 631 par le double 150 du nombre 75 déjà obtenu à la racine, etc.

Deuxième exemple.

$$
\begin{array}{c|l}
42\ 25\ 91\ 15\ 69 & 65007 \\
36 & \\ \hline
62,5 & 125 \times 5 = 625 \\
62\ 5 & 130 \\ \hline
09,1 & 1300 \\
9\ 11,5 & 130007 \times 7 = 910049 \\
9\ 11\ 56,9 & \\
9\ 10\ 04\ 9 & \\ \hline
1\ 52\ 0 &
\end{array}
$$

127. *Preuve.* On fait le carré de la racine obtenue; on ajoute le reste et l'on doit retrouver le nombre proposé.

128. Une tranche de deux chiffres donnant un chiffre à la racine, si nous écrivons à la droite du nombre proposé 2, 4, 6..... zéros, nous aurons à la racine 1, 2, 3..... chiffres après les unités de cette racine; en d'autres termes, nous aurons la racine à $\dfrac{1}{10}$, $\dfrac{1}{100}$, $\dfrac{1}{1000}$ ..... près.

129. *Exemple.* Extraire la racine carrée de 7 à 0,001 près. Nous écrirons 6 zéros à la droite de 7, et, dans la racine, nous séparerons par une virgule les trois derniers chiffres à droite.

```
7 00 00 00     | 2,645
4              |‾‾‾‾‾‾‾‾‾‾‾‾‾‾‾‾‾‾
‾‾‾‾‾          | 46   × 6 = 276
30,0.          | 524  × 4 = 2096
27 6           | 5285 × 5 = 26425.
‾‾‾‾‾
240,0
209 6
‾‾‾‾‾‾
3040,0
2642 5
‾‾‾‾‾‾
397 5
```

RACINE CARRÉE D'UN NOMBRE DÉCIMAL.

130. *Exemple* : Extraire à 0,01 près la racine carrée de :
$$3,1415926533889.$$

Il nous faut à la racine deux chiffres après la virgule ; il suffira donc de conserver dans le nombre quatre chiffres après la virgule. On sera conduit ainsi à extraire $\sqrt{3,1415}$.

131. Extraire à 0,0001 près la racine carrée de 7,512.

Il nous faut à la racine 4 chiffres après la virgule ; ce qui exige dans le nombre proposé 8 chiffres après la virgule ; on écrira donc 5 zéros à la droite du nombre et l'on sera conduit à extraire $\sqrt{7,51200000}$

EXTRAIRE LA RACINE CARRÉE D'UNE FRACTION.

132. On peut convertir la fraction en fraction décimale (n° **117**) et l'on est ramené ainsi à l'un des exemples précédents.

Exemple : $\sqrt{\dfrac{13}{7}} = \sqrt{1,8571428}$.

CUBES ET RACINES CUBIQUES.

133. On appelle *cube* d'un nombre le produit de trois facteurs égaux à ce nombre. Ainsi le cube de 7 est $7 \times 7 \times 7 = 343$. Ce résultat s'indique ainsi : $7^3 = 343$.

Cube d'une fraction. Ex: $\left(\dfrac{4}{7} \right)^3 = \dfrac{4}{7} \times \dfrac{4}{7} \times \dfrac{4}{7} = \dfrac{64}{343}$

134. On appelle *racine cubique* d'un nombre un second nombre qui, élevé au cube, produit le nombre proposé. Ainsi la racine cubique de 343 est 7, parce que 7 élevé au cube reproduit le nombre proposé 343.

135. On indique la racine cubique d'un nombre en plaçant à sa gauche ce signe $\sqrt[3]{}$ nommé radical cubique. Ainsi $\sqrt[3]{343}$ indique que l'on doit extraire la racine cubique de 343. On a donc $\sqrt[3]{343} = 7$.

136. Voici les cubes des dix premiers nombres :
Nombres 1. 2. 3. 4. 5. 6. 7. 8. 9. 10.
Cubes 1. 8. 27. 64. 125. 216. 343. 512. 729. 1000.

EXTRACTION DE LA RACINE CUBIQUE D'UN NOMBRE.

137. PREMIER CAS. Extraire la racine cubique d'un nombre moindre que 1000. Il suffit de consulter le tableau précédent. Ainsi $\sqrt[3]{125} = 5$, $\sqrt[3]{512} = 8$.

138. Quant à la racine cubique d'un nombre tel que 389 qui n'est pas contenu dans la ligne des cubes, on remarquera que 389 étant compris entre les deux cubes 343 et 512, $\sqrt[3]{389}$

— 69 —

est comprise entre 7 et 8. On verra au n° **143** le moyen de calculer cette racine plus exactement.

139. Deuxième cas. Extraire la racine cubique d'un nombre plus grand que 1000. *Exemple* : $\sqrt[3]{429002264088}$

Règle pratique (1). On commence par partager le nombre en tranches de trois chiffres, en commençant par la droite; la dernière tranche à gauche pouvant n'avoir que deux ou un chiffre.

On extrait la racine cubique du plus grand cube contenu dans la première tranche 429. On trouve 7 qui est le premier chiffre de la racine.

429,002,264,088	7542		
343			
860,02	14700	1687500	170554800
788 75	1050	9000	45240
	25	16	4
71272,64	15775	1696516	170600044
67860 64	25	16	
3412000,88	16875	1705548	
3412000 88			
0000000 00			

On retranche de la première tranche 429 le cube 343 de ce premier chiffre 7, et, à la droite du reste 86 on abaisse la tranche suivante 002. On sépare les deux derniers chiffres à droite de ce nombre 86002, et l'on divise la partie à gauche 860 par le triple carré du premier chiffre 7 de la racine. (Ce triple carré est 3 $\times$ 49 ou 147.) Le quotient 5 de cette division sera égal ou supérieur au deuxième chiffre de la racine.

Pour essayer 5, on ajoute les trois parties suivantes :

1° Le triple carré des dizaines ou 3 $\times$ 70² = 14700.

2° Le triple produit des dizaines par le chiffre essayé ou 3 $\times$ 70 $\times$ 5 = 1050.

---

(1) Voir au n° **467** l'explication de cette règle pratique.

3° Le carré du chiffre essayé ou 5² = 25.

Puis on multiplie la somme 15775 par le chiffre essayé. Si ce produit peut se retrancher de 86002 c'est que 5 est bon ; sinon, on essaiera de la même manière un chiffre inférieur d'une unité.

Dans notre exemple, le produit 15775 × 5 ou 78875 pouvant se retrancher de 86002. 5 est bon, et on l'écrit à la droite du premier chiffre 7.

A la droite du reste 7127 on abaisse la tranche suivante ; on sépare les deux derniers chiffres à droite de ce nombre 7127264, et l'on divise la partie à gauche 71272 par le triple carré du nombre 75 déjà obtenu à la racine. Ce triple carré de 75 s'obtient en ajoutant les quatre nombres : 1050, 25, 15775, 25, et est égal à 16875.

En divisant 71272 par 16875 on trouve 4 pour quotient.

Pour essayer 4 on ajoute les trois parties suivantes :

1° Le triple carré des dizaines ou 3 × 750² ou 1687500.

2° Le triple produit des dizaines par le chiffre essayé ou 3 × 750 × 4 = 9000.

3° Le carré du chiffre essayé ou 4² = 16.

Puis on multiplie la somme 1696516 par le chiffre essayé 4. Si ce produit...... etc,

140. *Deuxième Exemple.*

```
318 734 941 723 128   | 68308
216                   |________________________________
_______________       | 10800   1387200   13994670000
402 7,34              |  1440      6120        1639200
 98 4 32              |    64         9             64
_______________       |________   _______    __________
  4 302 9,41          | 12304    1393329   13996309264
  4 179 9 87          |    64         9
_______________       |________   _______
    122 954 723 128   | 13872    1399467
    111 970 474 112   |
_______________
     10 984 249 016.
```

141. *Preuve*. On fait le cube de la racine obtenue ; on ajoute le reste et l'on doit retrouver le nombre proposé.

142. Une tranche de trois chiffres donnant un chiffre à la racine, si nous écrivons à la droite du nombre proposé 3, 6, 9.... zéros, nous aurons à la racine 1, 2, 3.... chiffres après les unités de cette racine ; en d'autres termes, nous aurons la racine à $\dfrac{1}{10}$, $\dfrac{1}{100}$, $\dfrac{1}{1000}$ près.

143. *Exemple*. Extraire la racine cubique de 7 à 0,001 près. Nous écrirons 9 zéros à la droite de 7, et, dans la racine nous séparerons par une virgule les trois derniers chiffres à droite.

RACINE CUBIQUE D'UN NOMBRE DÉCIMAL.

144. Extraire à 0,01 près la racine cubique de :
$$3,14159265358977....$$
Il nous faut à la racine deux chiffres après la virgule ; il suffira donc de conserver dans le nombre 6 chiffres après la virgule. On sera conduit à extraire $\sqrt[3]{3,141592}$.

145. Extraire à 0,0001 près la racine cubique de 7,51217.
Il nous faut à la racine 4 chiffres après la virgule, ce qui exige dans le nombre proposé 12 chiffres après la virgule. On écrira donc 7 zéros à la droite du nombre, et l'on sera conduit à extraire $\sqrt[3]{7,512,470,000,000}$

146. Extraire la racine cubique d'une fraction.
On peut convertir la fraction donnée en fraction décimale (n° **117**), et l'on est ramené ainsi à l'un des exemples précédents.

Exemple : $\sqrt[3]{\dfrac{13}{7}} = \sqrt[3]{1,8571428....}$

UNITÉS.

147. Les quantités que nous allons considérer sont :

1° *Les longueurs,* comme la longueur d'un jardin, la distance entre deux villes, etc....

2° *Les surfaces* comme la surface d'un mur, d'un étang, d'une contrée, etc....

3° *Les volumes* comme le volume d'un bloc de pierre, de l'eau contenue dans un bassin, etc....

4° *Les poids.*

5° *Les valeurs monétaires.*

148. Nous avons dit (n° **67**) que, mesurer une quantité c'est la comparer à une quantité de même espèce appelée *unité.*

Ainsi l'unité de longueur doit être une longueur.

L'unité de volume doit être un volume.

L'unité de poids doit être un poids, etc....

149. L'unité que l'on choisit doit nous être familière et bien connue, afin que les nombres, qui sont le résultat de la mesure, nous donnent une idée nette de la quantité mesurée. De plus ces nombres doivent satisfaire à certaines conditions de grandeur, car notre esprit ne conçoit clairement ni les nombres très-grands ni les nombres très-petits.

Quelques exemples feront comprendre les distinctions à établir.

150. *Premier exemple:* Mesurer la longueur d'un jardin.

Je puis prendre pour unité la longueur de mon bâton, parce que le nombre que je trouverai (tel que 59, 738 ou 1523) sera compris dans des limites familières à l'esprit.

151. *Deuxième exemple*. Mesurer la distance de Paris à Marseille. Je n'évaluerai pas cette distance en gardant pour unité la longueur de mon bâton, car le nombre que je trouverais (tel que 1645740) serait trop grand pour me donner une idée nette de cette distance. Alors je prendrai une unité plus grande, par exemple la longueur d'un jardin que je connaisse bien, et ayant, je suppose, 738 fois la longueur de mon bâton ; si je trouve que la distance de Paris à Marseille est 2230 fois la longueur do co jardin connu, je comprendrai mieux le nombre 2230 que le précédent 1645740. Ainsi pour mesurer une quantité beaucoup plus grande que l'unité principale, on prendra pour nouvelle unité un *multiple* de l'unité principale.

152. *Troisièmement*. De même pour mesurer une quantité plus petite que l'unité principale, on prendra pour nouvelle unité un *sous-multiple* de l'unité principale.

INCONVÉNIENTS DE L'ANCIEN SYSTÈME DES POIDS ET MESURES.

153. 1°. Anciennement les diverses unités étaient tout à fait arbitraires, de sorte qu'on n'aurait pu les retrouver si on les cût perdues.

2° Ces unités de longueur, de poids, do volume n'avaient presque aucun rapport entre elles ;

3° Leurs multiples et leurs sous-multiples étaient égaux à l'unité principale multipliée ou divisée par des nombres tels que 6, 20, 8, 2, etc.

Ainsi la toise (unité de longueur) se partageait en 6 pieds, le pied en 12 pouces, etc.

La livre tournois (unité monétaire) se partageait en 20 sols, le sol en 4 liards ou 12 deniers.

De sorte qu'un nombre tel que 7 toises, 3 pieds, 8 pouces, 10 lignes (*nombre complexe*) donnait lieu à des calculs compliqués et pénibles.

4° L'ancien système n'était pas général : les unités de Paris différaient de celles de Lyon, de Bordeaux, etc.

AVANTAGES DU NOUVEAU SYSTÈME.

154. 1° Dans le nouveau système, l'unité de longueur (le mètre) est un sous-multiple déterminé du méridien de notre globe terrestre, de sorte qu'on pourrrait le retrouver si on le perdait.

2° Toutes les unités de surface, de volume, de poids, de monnaie dérivent du mètre (comme on le verra plus loin), d'où le nom de *système métrique* donné au nouveau système.

3° Tous les multiples et les sous-multiples sont égaux à l'unité principale multipliée ou divisée par une puissance de 10 ; c'est-à-dire que l'on a substitué le calcul décimal au calcul embarrassé des nombres complexes.

4° Le nouveau système est obligatoire pour toute la France et deviendra peut-être universel.

155. La préparation d'un système général de poids et mesures fut confié à une commission de savants par l'assemblée constituante le 8 mai 1790 ; mais l'usage du nouveau système ne fut obligatoire qu'à partir du 1er janvier 1840.

SYSTEME MÉTRIQUE

FORMATION DES MULTIPLES.

156. Les nombres, 10, 100, 1000, 10000 se représentent par les mots DÉCA, HECTO, KILO, MYRIA.

Ainsi *déca*-litre veut dire 10 litres, *kilo*-mètre veut dire 1000 mètres.

FORMATION DES SOUS-MULTIPLES.

157. Les nombres $\frac{1}{10}$, $\frac{1}{100}$, $\frac{1}{1000}$, $\frac{1}{10000}$ se représentent par les mots : DECI, CENTI, MILLI, DIX-MILLI.

Ainsi *centi*-litre veut dire un centième de litre; *milli*-litre veut dire un millième de litre.

UNITÉS DE LONGUEUR.

158. L'unité principale de longueur est le *mètre*.

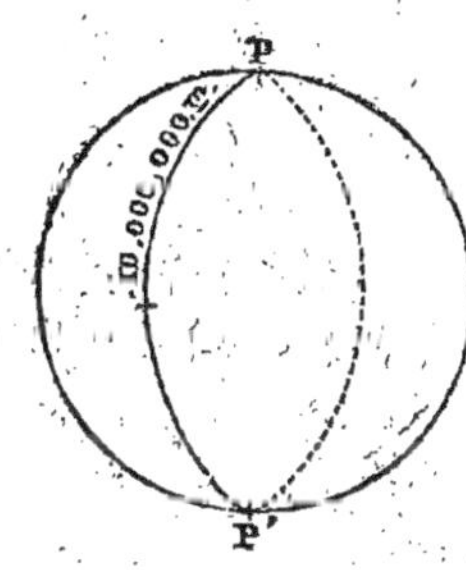

Le mètre est la longueur de la dix-millionième partie du quart du méridien terrestre (1). Il en résulte que le méridien terrestre a 40 millions de mètres.

---

(1) Un méridien est un grand cercle passant par les pôles. (Voir les *géographies.*)

159. MULTIPLES DU MÈTRE.

Mètre.

Décamètre = 10 mètres.

Hectomètre = 100 mètres = 10 décamètres.

Kilomètre = 1000 mètres = 100 décamètres = 10 hectom.

Myriamètre = 10000 mètres = 1000 décamètres = 100 hectomètres = 10 kilomètres.

Le décamètre et l'hectomètre sont peu employés.

Le *kilomètre* et le *myriamètre* sont les unités itinéraires, c'est-à-dire destinées à la mesure des routes, des grandes distances.

160. SOUS-MULTIPLES DU MÈTRE.

Millimètre = $\dfrac{1}{1000}$ de mètre.

Centimètre = $\dfrac{1}{100}$ de mètre = 10 millimètres.

Décimètre = $\dfrac{1}{10}$ de mètre = 10 centim. = 100 millim.

Mètre.

161. Tableau indiquant la place que ces diverses unités doivent occuper dans un nombre.

Myriamètres.	Kilomètres.	Hectomètres.	Décamètres.	Mètres.	Décimètres.	Centimètres.	Millimètres.	Dix-Millim.

162. PROBLÈME. Convertir en dix-millimètres une longueur représentée par 37 kilom., 283 décam., 42 centim.

D'après le tableau précédent on trouve que :

37 kilom. valent 370 000 000 dix-millim.

283 décam. valent 28 300 000 dix-millim.

42 centim. valent   4 200 dix-millim.

En ajoutant on a : 398 304 200 dix-millim.

163. Si l'on eût demandé de convertir en mètres la même quantité, on aurait séparé par une virgule 4 chiffres sur la droite, et on aurait 39830^m,4200.

Si l'on eût demandé de convertir en myriamètres la même quantité, on aurait séparé par une virgule 8 chiffres sur la droite, et on aurait 3^{my},98304200.

UNITÉS DE SURFACE.

164. L'unité principale, ainsi que tous ses multiples et ses sous-multiples, sont des quarrés ayant pour côtés les unités de longueur.

165. L'unité principale est le *mètre quarré*, c'est-à-dire un quarré dont le côté a un mètre.

166. PRINCIPE. Si le côté d'un quarré est 10 fois plus grand que le côté d'un autre quarré, la surface du premier quarré est 100 fois plus grande que la surface du second.

Rangeant dans une seule bande 10 des petits quarrés, et, ayant formé 10 bandes pareilles, plaçons ces 10 bandes les unes au-dessous des autres. Nous formerons ainsi le grand carré dont le côté sera évidemment 10 fois plus grand que le côté du petit quarré, et contiendra 100 petits quarrés.

167.

MULTIPLES DU MÈTRE QUARRÉ.

LONGUEUR du côté.	NOMS des quarrés.	VALEURS.
1 m.	Mètre q.	=
10 m.	Décam. q.	= 100 mètres q.
100 m.	Hectom. q.	= 100 décam. q. = 1 00 00 mètres q.
1000 m.	Kilom. q.	= 100 hectom. q. = 1 00 00 décam. q.

168. Le décamètre quarré s'appelle *are*. Il résulte du tableau que l'hectomètre quarré est un *hectare* et que le mètre quarré est un *centiare*.

Ces unités, are, hectare, centiare, sont les unités *agraires* c'est-à-dire destinées à la mesure des champs, et aussi des étangs, des forêts, etc.

Le *kilomètre quarré* et le *myriamètre quarré* sont destinés à la mesure des grandes surfaces, comme celles des diverses contrées du globe.

169. SOUS-MULTIPLES DU MÈTRE QUARRÉ.

LONGUEUR du côté.	NOMS des quarrés.	VALEURS.
0,^{m} 001	millim. q.	
0,^{m} 01	centim. q.	= 100 millim. q.
0,^{m} 1	décim. q.	= 100 centim. q. = 100 00 millim. q.
1 ^{m}	mètre q.	= 100 décim. q. = 100 00 centim. q.

170 Tableau indiquant la place que ces diverses unités doivent occuper dans un nombre.

kilomètres q.	hectomètres q. ou hectares.	décamètres q. ou ares.	mètres quarrés.	décimètres q.	centimètres q.	millimètres q.
○ ○	○ ○	○ ○	○ ○	○ ○	○ ○	○

171. REMARQUES. Entre le mètre quarré et le décimètre quarré se trouve la place des *dixièmes de mètre quarré* qu'il ne faut pas confondre avec les *décimètres quarrés*.

De même entre le mètre quarré et le décamètre quarré se trouve la place des *dizaines de mètre quarré* qu'il ne faut pas confondre avec les *décamètres quarrés*.

Entre le décimètre quarré et le centimètre quarré se trouve la place des *millièmes de mètre quarré*, etc.

172. *Problème.* Convertir en centimètres quarrés une surface représentée par 218 ares, 426 décim. q., 3 centim. q.;

D'après le tableau précédent on trouve que :

218 ares	valent	21800	00	00	centim. q.
426 décim. q.	valent	4	26	00	centim. q.
3 centim. q.	valent			3	centim. q.
En ajoutant on a		21804	26	03	centim. q.

173. Si l'on eût demandé de convertir en ares la même quantité, on aurait séparé par une virgule 6 chiffres sur la droite, et on aurait 218, 04 26 03.

UNITÉS DE VOLUME.

174. L'unité principale, ainsi que tous ses multiples et ses sous-multiples sont des cubes (forme du dé à jouer), ayant pour côtés les unités de longueur.

175. L'unité principale est le *mètre cube*, c'est-à-dire un cube dont le côté a 1 mètre.

176. Principe. Si le côté d'un cube est dix fois plus grand que le côté d'un autre cube, le volume du premier cube est 1000 fois plus grand que le volume du second.

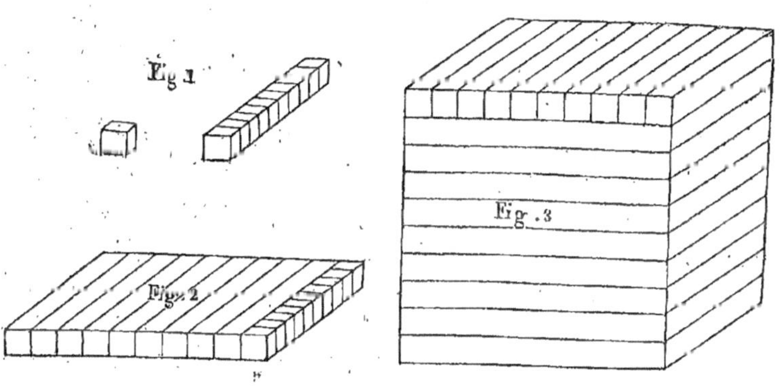

Formons une rangée de 10 petits cubes (*fig.* 1) et plaçons 10 rangées pareilles les unes à côté des autres ; nous aurons ainsi une tranche (*fig.* 2) renfermant 100 petits cubes.

Si nous plaçons dix tranches pareilles les unes au-dessous des autres, nous formerons ainsi le grand cube (*fig.* 3) dont le côté sera évidemment dix fois plus grand que le côté du petit cube, et contiendra 1000 petits cubes.

177. MULTIPLES DU MÈTRE CUBE.

LONGUEUR du côté.	NOMS des cubes.	VALEURS.
1 m.	mètre cube.	
10 m.	décamèt. c.	= 1000 mètres. c.
100 m.	hectom. c.	= 1000 décam. c. = 1 000 000 m. c.

178. Le mètre cube s'appelle *stère* lorsqu'il est employé à la mesure du bois de chauffage.

179. SOUS-MULTIPLES DU MÈTRE CUBE.

LONGUEUR du côté.	NOMS des cubes.	VALEURS.
0 m. 001	millim. c.	
0 m. 01	centim. c.	= 1000 mil. c.
0 m. 1	décim. c.	= 1000 cent. c. = 1 000 000 mil. c.
1 m.	mètre. c.	= 1000 déc. c. = 1 000 000 cent. c.

180. Le décimètre cube s'appelle *litre* lorsqu'il est employé à la mesure des liquides et des graines. Les litres du commerce n'ont pas la forme cubique, mais la forme cylindrique.

181. Tableau indiquant la place que ces diverses unités doivent occuper dans un nombre.

hectomètres c.	décamètres c.	mètres cubes ou stères.	décimètres c. ou litres.	centimètres c.	millimètres c.
• •	• •	• •	• •	• •	• •

182. REMARQUES. Entre le mètre cube et le décimètre cube se trouvent deux places vides : la première pour les dixièmes de mètre cube, ou *décistères*, la deuxième pour les centièmes de mètre cube, ou *centistères*.

Entre le décimètre cube et le centimètre cube se trouvent deux places vides : la première pour les *décilitres*, la deuxième pour les *centilitres*. Quant au *millilitre*, il est égal au centimètre cube.

En revenant de droite à gauche on voit qu'entre le décimètre cube et le mètre cube, la première place est pour les *décalitres* et la deuxième pour les *hectolitres*.

De même entre le mètre cube et le décamètre cube, la première place est pour le *décastère* et la seconde pour *l'hectostère*.

183. *Premier problème.* Convertir en centimètres cubes un volume représenté par 43 décamètres cubes, 512 stères, 14 litres.

D'après le tableau précédent on trouve que :

43 décamètres cubes valent 43 000 000 000 centim. c.
512 stères   valent   512 000 000 centim. c.
14 litres   valent   14 000 centim. c.
En ajoutant on a   43 512 014 000 centim. c.

184. Si l'on eût demandé de convertir en stères la même

quantité, on aurait séparé par une virgule 6 chiffres sur la droite, et on aurait 43 512, 014 000.

185. *Deuxième problème.* Convertir en millimètres cubes un volume représenté par 5 décastères, 8 décistères, 46 hectolitres, 19 décalitres, 23 centilitres, 78 millilitres, 12 millimètres cubes.

D'après le tableau précédent et les remarques on trouve :

5 décastères = 50st. 000 000 000 millimètres cubes.
8 décistères =   800 000 000 millimètres cubes.
46 hectolitres = 4   600 000 000 millimètres cubes.
19 décalitres =   190 000 000 millimètres cubes.
23 centilitres =   230 000 millimètres cubes.
78 millilitres =   78 000 millimètres cubes.
12 millim. c. =   012 millimètres cubes.
En ajoutant on a : 55   590 308 012 millimètres cubes.

On changera d'unité par un simple déplacement de virgule.

UNITÉS DE POIDS.

186. L'unité principale est le *gramme*.

Le gramme est le poids de l'eau contenue dans un centimètre cube. L'eau doit être purifiée par la distillation et prise à 4 degrés du thermomètre centigrade (*Voir les traités de physique*).

187. Les multiples du gramme sont : le décagramme (10 grammes), l'hectogramme (100 grammes), le kilogramme (1000 grammes), le quintal métrique (100 kilog.) et le tonneau de mer (1000 kilog.)

188. Les sous-multiples du gramme sont : le décigramme $\left(\frac{1}{10}\right.$ de gramme $\left.\right)$, le centigramme $\left(\frac{1}{100}\right.$ de gramme $\left.\right)$, le milligramme $\left(\frac{1}{1000}\right.$ de gramme $\left.\right)$ et le dix milligramme $\left(\frac{1}{10000}\right.$ de gramme).

189. Le litre valant 1000 centimètres cubes, un litre d'eau pèse 1000 grammes ou un kilog.

Donc 1 décalitre d'eau pèse 10 kilog.

1 hectolitre d'eau pèse 100 kilog.

1 décilitre d'eau pèse $\dfrac{1^{kil.}}{10}$ ou 100 grammes.

1 centilitre d'eau pèse $\dfrac{1^{kil.}}{10}$ ou 10 grammes.

Le stère valant 1000 litres, 1 stère d'eau pèse 1000 kilogrammes.

Ces exemples font bien voir la relation qui existe entre les unités de poids et les unités de volume.

UNITÉS MONÉTAIRES.

190. MONNAIES D'ARGENT. L'unité principale est le *franc*. Le franc est une pièce pesant 5 grammes; il contient les neuf dixièmes de son poids en argent pur, et l'autre dixième en cuivre.

Les sous-multiples du franc sont le *décime* et le *centime*.

Ces pièces sont en bronze.

PIÈCES D'ARGENT.

191.

Valeur.	Poids.	Diamètre.
5 francs.	25 gram.	37 millim.
2	10	27
1	5	23
0, 50	2, 5	18
0, 20	1	15

192. PIÈCES DE BRONZE.

valeur.	poids.	diamètre.
10 centimes	10 gr.	30 millim
5	5	25
2	2	20
1	1	15

193. MONNAIES D'OR.

valeur.	poids.	diamètre.
5 fr.	1$^{gr.}$ 61290	17
10 ,	3 , 22580	19
20 ,	6 , 45161	21
50 ,	16 , 129	28
100 ,	32 , 258	35

194. On admet qu'à poids égal, la monnaie d'or vaut 15, 5 fois plus que la monnaie d'argent, et que la monnaie d'argent vaut 20 fois plus que la monnaie de bronze.

Problème. Quel est le poids de 20 fr. en argent, en or et en bronze.

1 franc en argent pesant 5 gr., 20 francs en argent pèseront 5 × 20 ou 100 grammes.

Le poids en or sera $\dfrac{100}{15,5} = 6$ $^{gr.}$ 4516.....

Le poids en bronze sera 100 × 20 = 2000 grammes ou 2 kilog.

195. REMARQUES. Il résulte des tableaux précédents que les monnaies d'argent et de bronze peuvent servir de poids.

Elles pourraient même servir d'unités de longueur.

Car 20 pièces de 2 francs et 20 pièces de 1 franc placées en ligne donnent une longueur de 1 mètre.

40 pièces de cinq centimes placées en ligne donnent aussi 1 mètre.

RAPPORTS.

196. On appelle *rapport* de deux nombres le quotient de ces deux nombres. Ainsi le rapport de 21 à 7 est 3, parce que $21 : 7 = 3$. Le rapport de 7 à 21 est $\frac{1}{3}$

197. Le rapport de deux nombres s'indique par une fraction.

Ainsi le rapport de 21 à 7 s'indique $\frac{21}{7}$; le rapport de 8 à 19 s'indique $\frac{8}{19}$

198. Pour trouver le *rapport de deux quantités*, on les *compte* ou on les *mesure* avec la même unité, et on appelle *rapport* de ces deux quantités le quotient des deux nombres trouvés.

Ainsi le rapport entre deux troupes d'ouvriers est $\frac{180}{36}$, si ces deux troupes renferment l'une 180 ouvriers et l'autre 36 ouvriers.

Le rapport entre deux longueurs est $\frac{10}{25}$ si ces deux longueurs ont l'une 10 mètres, et l'autre 25 mètres.

199. Les rapports ne peuvent exister qu'entre des quantités de même espèce.

200. On dit que deux quantités varient *dans le même rapport*, ou *en raison directe* l'une de l'autre, quand, l'une devenant un certain nombre de fois plus grande ou plus petite, l'autre devient ce même nombre de fois plus grande ou plus petite.

Exemples. 1° Le prix d'une étoffe est en raison directe de la longueur de cette étoffe.

2° Le salaire d'un ouvrier est en raison directe de la durée de son travail.

3° Un travail est en raison directe du nombre d'ouvriers employés.

201. On dit que deux quantités varient *en rapport inverse*, ou qu'elles sont *en raison inverse* l'une de l'autre, quand, l'une devenant un certain nombre de fois plus grande ou plus petite, l'autre devient ce même nombre de fois plus petite ou plus grande.

Exemples. 1° La durée d'un travail est en raison inverse du nombre d'ouvriers employés.

2° Le nombre d'heures qu'un ouvrier doit travailler chaque jour pour accomplir un certain travail, est en raison inverse du nombre de jours fixés pour ce travail.

3° Un nombre est en raison inverse de la grandeur de l'unité employée.

Ainsi une longueur de 1000 mètres est représentée par le nombre 100 (10 fois plus petit que 1000), si l'on prend pour unité le décamètre (10 fois plus grand que le mètre).

202. Considérons quatre quantités deux à deux de même espèce.

Si l'une des quantités de la première espèce devenant un certain nombre de fois plus grande ou plus petite, sa correspondante de l'autre espèce devient le même nombre de fois plus grande ou plus petite, on dit que ces *quatre quantités sont deux à deux dans le même rapport,* ou encore *qu'elles sont proportionnelles.*

Exemple : 6 ouvriers ont fait 147 mètres.

3 fois *plus* d'ouvriers, c'est-à-dire 18 ouvriers feront

3 fois *plus* de mètres, c'est-à-dire 441 mètres.

Les quatre quantités 6, 18; 147, 441, sont deux à deux dans le même rapport, et on a : $\dfrac{18}{6} = \dfrac{441}{147}$

203. Toute expression de l'égalité de deux rapports (telle que $\frac{18}{6} = \frac{441}{147}$) s'appelle *proportion*.

204. Considérons quatre quantités deux à deux de même espèce. Si l'une des quantités de la première espèce devenant un certain nombre de fois plus grande ou plus petite, sa correspondante de l'autre espèce devient le même nombre de fois plus petite ou plus grande, on dit que ces *quatre quantités sont deux à deux en rapport inverse*, ou encore *qu'elles sont inversement proportionnelles*.

Exemple : 6 ouvriers ont mis 147 jours à un travail.

3 fois *plus* d'ouvriers, c'est-à-dire 18 ouvriers mettront

3 fois *moins* de jours, c'est-à-dire 49 jours pour faire le même ouvrage.

Les quatre quantités 6, 18, 147, 49 sont deux à deux en rapport inverse, et on a : $\dfrac{18}{6} = \dfrac{147}{49}$.

RÈGLE DE TROIS SIMPLE.

205. On appelle *règle de trois simple* un problème renfermant quatre quantités deux à deux de même espèce, dont trois sont connues et une inconnue. Il faut en outre que ces quatre quantités soient deux à deux dans le même rapport ou en rapport inverse.

Exemples de règles de trois simples.

206. 37 mètres d'étoffe coûtent 185 francs. Combien coûteront 48 mètres de la même étoffe ?

En désignant l'inconnue par x, cet énoncé se représente ainsi :

$$37^m \ \ldots \ 185^f \quad \} \quad \text{Les mètres et les francs varient}$$
$$48^m \ \ldots \ x. \quad \} \quad \text{dans le } \textit{même rapport.}$$

(1) Si 37 mètres coûtent 185 ^{f}

1 mètre coûtera 37 fois moins ou $\dfrac{185}{37}$

48 mètres coûteront 48 fois plus ou $\dfrac{185 \times 48}{37}$

On a donc $x = \dfrac{185 \times 48}{37} = 240.$

207. REMARQUE. La valeur de $x = \dfrac{185 \times 48}{37}$ peut s'écrire $185 \times \dfrac{48}{37}$ et, sous cette forme, on voit que l'inconnue a pour valeur la quantité donnée qui lui correspond 185 multipliée par le rapport des deux autres quantités données $\dfrac{48}{37}$ prises *de bas en haut.*

208. 45 ouvriers ont mis 12 jours pour faire un certain ouvrage ;

Combien 20 ouvriers mettront-ils de jours pour faire le même ouvrage ?

$$45^{ouv.} \ \ldots \ 12^j \quad \{ \quad \text{Les ouvriers et les jours varient}$$
$$20^{ouv.} \ \ldots \ x \quad \{ \quad \text{en } \textit{rapport inverse.}$$

Si 45 ouvriers ont mis 12 jours,

1 ouvrier mettra 45 fois plus de jours ou $12 \times 45.$

20 ouvriers mettront 20 fois moins de jours ou $\dfrac{12 \times 45}{20}$

---

(1) Le problème revient à chercher ce que devient la quantité donnée 185 qui correspond à l'inconnue, si l'on remplace 37 mètres par 48 mètres.

Mais au lieu de remplacer immédiatement 37 mètres par 48 mètres, on remplace 37 mètres par 1 mètre, puis 1 mètre par 48 mètres, et, à chacun de ces changements, on indique au moyen des signes de la multiplication et de la division, les modifications que l'on doit faire subir à la quantité 185 pour arriver à l'inconnue x. C'est pour cette raison que la méthode employée s'appelle : *Méthode de réduction à l'unité.*

On a donc $x = \dfrac{12 \times 45}{20} = 27$ jours.

209. REMARQUE. La valeur de $x = \dfrac{12 \times 45}{20}$ peut s'écrire $12 \times \dfrac{45}{20}$ et, sous cette forme, on voit que l'inconnue a pour valeur la quantité donnée qui lui correspond 12 multipliée par le rapport des deux autres quantités données $\dfrac{45}{20}$ prises *de haut en bas.*

210. 108 ouvriers ont fait 864 mètres d'ouvrage ; combien de mètres feront 43 ouvriers ?

108 ouv. ... 864 m   ⎰ Les ouvriers et les mètres varient
43 ouv. ... x ⎱   *dans le même rapport.*

On trouverait $x = 864 \times \dfrac{43}{108}$ en prenant *de bas en haut.*

211. 30 planches de 80 centimètres de large suffisent pour clore un terrain. Si l'on veut employer 50 planches, quelle largeur devront-elles avoir ?

30 p ... 80 c   ⎰ Le nombre de planches et les lar-
50 p ... x ⎱   geurs varient *en rapport inverse.*

On trouverait $x = 80 \times \dfrac{30}{50}$ en prenant *de haut en bas.*

REGLE DE TROIS COMPOSÉE.

212. On appelle *règle de trois composée* un problème renfermant plus de quatre quantités dont une inconnue.

Ces quantités doivent être deux à deux de même espèce. Il faut en outre qu'en considérant : deux quantités de même espèce avec l'inconnue et la quantité de même espèce que l'inconnue, ces quatre quantités soient deux à deux dans le même rapport ou en rapport inverse.

213. *Premier exemple :* 35 ouvriers travaillant 10 heures par jour, ont fait 400 mètres en 60 jours. Combien faudra-t-il de jours à 90 ouvriers, travaillant 7 heures par jour, pour faire 480 mètres.

En désignant l'inconnue par x, cet énoncé se représente ainsi :

$$35^{\text{ouv.}} \ldots \quad 10^{\text{h}} \ldots \quad 400^{\text{m}} \ldots \quad 60^{\text{j}} \quad (1).$$
$$90^{\text{ouv.}} \ldots \quad 7^{\text{h}} \ldots \quad 480^{\text{m}} \ldots \quad x^{\text{j}}$$

Le raisonnement est indiqué dans le tableau suivant :

$35^{\text{ouv.}}$ 10^{h} ... 400^{m}, ont mis . . . . 60^{j}

1 ... 10^{h} ... 400^{m}, 35 f. plus de j. ou 60×35

90 ... 10^{h} ... 400^{m}, 90 f. moins de j. ou $\dfrac{60 \times 35}{90}$

90 ... 1^{h} ... 400^{m}, 10 fois plus. . . $\dfrac{60 \times 35 \times 10}{90}$

90 ... 7^{h} ... 400^{m}, 7 fois moins. . . $\dfrac{60 \times 35 \times 10}{90 \times 7}$

90 ... 7^{h} ... 1^{m}, 400 fois moins. . $\dfrac{60 \times 35 \times 10}{90 \times 7 \times 400}$

90 ... 7^{h} ... 480^{m}, 480 fois plus . . $\dfrac{60 \times 35 \times 10 \times 480}{90 \times 7 \times 400}$

---

(1) Le problème revient à chercher ce que devient la quantité donnée 60 qui correspond à l'inconnue, si l'on remplace 35 ouvriers par 90 ouvriers, 10 heures par 7 heures, 400 mètres par 480 mètres.

Mais au lieu de remplacer immédiatement 35 ouvriers par 90 ouvriers, on remplace 35 ouvriers par 1 ouvrier, puis 1 ouvrier par 90 ouvriers ; de même, au lieu de remplacer immédiatement 10 heures par 7 heures, on remplace 10 heures par 1 heure, puis 1 heure par 7 heures, etc , et, à chacun de ces changements, on indique au moyen des signes de la multiplication et de la division, les modifications que l'on doit faire subir à la quantité donnée 60, pour arriver à l'inconnue x.

214. REMARQUE. La valeur de x peut s'écrire : $60 \times \dfrac{35}{90}$ $\times \dfrac{10}{7} \times \dfrac{480}{400}$ et, sous cette forme, on voit que l'inconnue est égale à la quantité 60 qui lui correspond multipliée par les rapports des autres quantités données, prises dans les sens suivants : *de bas en haut* quand ces quantités et l'inconnue varient *dans le même rapport*; *de haut en bas* quand ces quantités et l'inconnue varient *en rapport inverse.*

Ainsi dans notre exemple, les ouvriers et les jours variant en rapport inverse, on a multiplié 60 par $\dfrac{35}{90}$ (de haut en bas). Au contraire, les mètres et les jours variant dans le même rapport on a multiplié par $\dfrac{480}{400}$ (de bas en haut).

215. CALCUL. $x = \dfrac{60 \times 35 \times 10 \times 480}{90 \times 7 \times 400} = \dfrac{10080000}{252000}$ $= 40$ jours.

Avant de faire les multiplications indiquées, il est bon de simplifier la fraction en divisant ses deux termes par les facteurs communs (n° **82.**) .

Ainsi l'expression $x = \dfrac{60 \times 35 \times 10 \times 480}{90 \times 7 \times 400}$ devient : en divisant les deux termes par 1000, $x = \dfrac{6 \times 35 \times 48}{9 \times 7 \times 4}$; puis divisant par 7, $x = \dfrac{6 \times 5 \times 48}{9 \times 4}$ ou $\dfrac{6 \times 5 \times 48}{36}$; puis divisant deux fois par 6 : $x = \dfrac{5 \times 48}{6} = 5 \times 8 = 40.$

Il est important de s'exercer à ces simplifications.

216. *Deuxième exemple.* 35 ouvriers travaillant 10 heures par jour, ont fait 400 mètres en 60 jours. Combien faudra-t-il d'ouvriers travaillant 7 heures par jour pour faire 480 mètres en 40 jours.

$$35^{\text{ouv.}} \ldots 10^{\text{h}} \ldots 400^{\text{m}} \ldots 60^{\text{j}}$$
$$x \quad \ldots \quad 7^{\text{h}} \ldots 480^{\text{m}} \ldots 40^{\text{j}}$$

D'après la remarque du n° **214**, on obtiendra la valeur de x en multipliant 35 quantité qui lui correspond :

1° par $\dfrac{10}{7}$ (De haut en bas parce que les heures et les ouvriers varient en rapport inverse.)

2° par $\dfrac{480}{400}$ (De bas en haut, parce que les mètres et les ouvriers varient dans le même rapport.)

3° par $\dfrac{60}{40}$ (De haut en bas, parce que les jours et les ouvriers varient en rapport inverse.)

On trouve ainsi :

$$x = 35 \times \frac{10}{7} \times \frac{480}{400} \times \frac{60}{40} = \frac{35 \times 10 \times 480 \times 60}{7 \times 400 \times 40}$$
$$= 90 \text{ ouvriers.}$$

DES INTÉRÊTS SIMPLES.

Un propriétaire qui loue sa maison ou son champ, exige du locataire une certaine somme qui constitue le revenu de la propriété ; de même celui qui prête son argent, exige de l'emprunteur une certaine somme qui constitue l'intérêt de cet argent.

217. Ainsi l'*intérêt* est le loyer d'un capital prêté.

Le *taux* est l'intérêt convenu de 100 francs pendant 1 an.

218. On dit que l'intérêt est *simple* quand il est proportionnel à la durée du prêt (1).

____

(1) On dit que l'intérêt est *composé* quand au bout d'une certaine période, on ajoute l'intérêt au capital pour considérer cette somme comme un nouveau capital ; puis au bout d'une période égale en durée, on ajoute à ce

219. *Problème* I. Quel est l'intérêt de 17500 fr. placés à 4,50 0/0 (lisez à 4,50 pour cent) pendant 32 mois?

Ce problème revient à la règle de trois suivante :

100 francs placés pendant 1 an ou 12 mois rapportent 4,50 ; combien rapportent 17500 francs placés pendant 32 mois?

$$100^{fr}. \ldots 12^{m} \ldots 4,50.$$
$$17500^{fr}. \ldots 32^{m} \ldots x.$$

100 francs placés pendant 12 mois rapportent 4,50

$$1^{fr}. 12^{m} \ldots 100 \text{ fois moins ou} \quad \frac{4,50}{100}$$

$$17500^{fr}. 12^{m}. 17500 \text{ fois plus ou} \quad \frac{4,50 \times 17500}{100}$$

$$17500^{fr}. 1^{m} \ldots 12 \text{ fois moins ou} \frac{4,50 \times 17500}{100 \times 12}$$

$$17500^{fr}. 32^{m}. 32 \text{ fois plus ou} \frac{4,50 \times 17500 \times 32}{100 \times 12} = 2100^{fr}.$$

D'après la remarque du n° **214** on aurait pu écrire immédiatement cette valeur $x = 4,50 \times \dfrac{17500 \times 32}{100 \times 12}$

220. *Problème* II. Quel est le capital qui, placé à 4,50 0/0 pendant 32 mois, a rapporté 2100 francs?

Cherchons d'abord quel serait l'intérêt pour un an ou 12 mois.

Le capital inconnu placé pendant 32 mois rapporte 2100 fr.;

placé pendant 1 mois, il rapporterait 32 fois moins ou $\dfrac{2100}{32}$;

placé pendant 12 mois ou 1 an, il rapporterait $\dfrac{2100 \times 12}{32}$

nouveau capital son intérêt pour considérer cette nouvelle somme comme un nouveau capital, etc.

La solution complète des problèmes d'intérêts composés est du domaine de l'algèbre.

Le problème revient donc au suivant :

Sachant que 4,50 sont l'intérêt de 100 fr. en un an, quel est le capital dont l'intérêt est $\dfrac{2100 \times 12}{32}$ en un an?

$$\left. \begin{array}{l} 4,50 \quad \ldots \quad 100 \\[2mm] \dfrac{2100 \times 12}{32} \quad \ldots \quad x \end{array} \right\} \text{Règle de trois simple.}$$

On trouve $x = \dfrac{100 \times 2100 \times 12}{32 \times 4,50} = 17500.$

221. *Problème* III. Un capital de 17500 fr. placé pendant 32 mois a rapporté 2100 fr. A quel taux était-il placé?

On a vu au problème II que l'intérêt pour un an est $\dfrac{2100 \times 12}{32}$

Le problème revient donc au suivant :

17500 fr. rapportent $\dfrac{2100 \times 12}{32}$; combien rapportent 100 francs?

$$\left. \begin{array}{l} 17500 \quad \ldots \quad \dfrac{2100 \times 12}{32} \\[2mm] 100 \quad \ldots \quad x \end{array} \right\} \text{Règle de trois simple.}$$

On trouve : $x = \dfrac{2100 \times 12 \times 100}{32 \times 17500} = 4,50.$

222. *Problème* IV. Un capital de 17500 fr. placé à 4,50 0/0 a rapporté 2100 fr. Pendant combien de temps est-il resté placé?

Cherchons d'abord l'intérêt de 17500 fr. pendant un an.

$$\left. \begin{array}{l} 100 \quad \ldots \quad 4,50 \\ 17500 \quad \ldots \quad x \end{array} \right\} \text{Règle de trois simple.}$$

On trouve $x = \dfrac{17500 \times 4,50}{100} = 787,50.$

Autant de fois 787,50 sera contenu dans 2100 fr. autant

d'années le capital sera resté placé. On est donc conduit à diviser 2100 par 787,50.

$$\begin{array}{r|l} 21000 & 787,5 \\ 5250 & 2^a - 8^m \\ 12 \\ \hline 63000 \\ 0000 \end{array}$$

On trouve au quotient 2 ans et pour reste 5250. Pour trouver les mois, on multiplie le reste 5250 par 12, et l'on divise le produit 63000 par le diviseur 7875. On trouve 8 mois juste. Si cette seconde division eût donné un reste, on le multiplierait par 30 pour avoir des jours.

QUESTIONS SUR LES RENTES.

223. Les impôts constituent le revenu d'un gouvernement, d'une ville, etc. Les bénéfices constituent le revenu des compagnies industrielles (chemins de fer, mines, usines, etc.).

Dans certaines circonstances, les gouvernements, les compagnies industrielles empruntent aux particuliers des capitaux dont ils paient les *intérêts* sur leurs revenus.

Ces *intérêts* s'appellent *rentes*.

Le particulier qui a besoin de son argent, vend son titre de rente à un autre particulier. Il le vend plus cher dans les moments de prospérité, et moins cher dans les moments de crise.

D'où l'on voit que la rente étant fixe, le capital qui la représente dépend de ce qu'on appelle la *hausse* et la *baisse*.

224. *Premier problème.* Le cours du 3 0/0 étant à 70, 50, combien aura-t-on de rentes pour 22560 francs.

Ce problème revient au suivant : 70, 50 rapportent 3 fr.; combien rapportent 22560 fr. Règle de trois simple.

$$\left.\begin{array}{l} 7050 \quad \dots \quad 3 \\ 22560 \quad \dots \quad x \end{array}\right\} \quad \text{on a } x = \frac{3 \times 22560}{70,50} = 960$$

Deuxième problème. Le cours du 3 p. 0/0 étant à 70, 50, quel capital faut-il placer pour avoir 960 fr. de rente?

Ce problème revient au suivant : 70,50 rapportent 3 fr., quel est le capital qui rapporte 960 ? Règle de trois simple.

$$\left. \begin{array}{l} 3 \ \ldots \ 7050 \\ 960 \ \ldots \ x \end{array} \right\} \quad \text{on a } x = \frac{70,50 \times 960}{3} = 22560$$

Troisième problème. Avec un capital de 22560 fr., on a acheté 960 fr. de rente 3 p. 0/0. Quel était le cours de la rente ?

Ce problème revient au suivant : 22560 fr. rapportent 960 fr. quel est le capital qui rapporte 3 fr.? Règle de trois simple.

$$\left. \begin{array}{l} 960 \ \ldots \ 22560 \\ 3 \ \ldots \ x \end{array} \right\} \quad \text{on a } x = \frac{22560 \times 3}{960} = 70,50$$

Quatrième problème. A quel taux place-t-on son argent en achetant du 4 1/2 p. 0/0 à 93,35.

Ce problème revient au suivant : 93,50 rapportent 4,50. Combien rapportent 100 fr. Règle de trois simple.

$$\left. \begin{array}{l} 93,50 \ \ldots \ 4,50 \\ 100 \ \ldots \ x \end{array} \right\} \quad \text{on a } x = \frac{4,50 \times 100}{93,50} = ,4,81$$

DE L'ESCOMPTE.

225. Un *billet* est une promesse écrite par M. A de payer à M. B, à une certaine époque que l'on nomme *échéance*, une somme qu'il lui doit.

226. La *valeur nominale* du billet se compose de la somme due, plus des intérêts de cette somme jusqu'à l'époque de l'échéance.

227. La *valeur réelle* du billet *au bout d'un certain temps* se compose de la somme due plus des intérêts de cette somme pendant ce temps.

Supposons, pour fixer les idées, que M. A emprunte pour un an à M. B 100 fr. à 6 0/0. La *valeur nominale* du billet sera 106 fr. (100 fr. somme due, plus 6 francs d'intérêts pour un an). La *valeur réelle au bout de 7 mois*, par exemple, sera 103,50 (100 fr. somme due, plus 3,50 d'intérêts pendant 7 mois.

Si M. B. a besoin d'argent, il porte son billet chez un banquier ; celui-ci fait une retenue que l'on nomme *escompte*.

228. On distingue deux sortes d'escompte : l'*escompte rationnel*, ou l'intérêt de la valeur *réelle* du billet.

229. L'*escompte commercial* ou l'intérêt de la valeur *nominale* du billet.

230. L'escompte commercial, bien qu'illogique, est le seul employé (1).

Les règles d'escompte commercial sont des règles d'intérêt simple.

231. *Premier problème*. Escompter à 4,50 p. 0/0 un billet de 17500 fr. payable dans 32 mois (*V.* le problème du n° **219**).

Deuxième problème. Quel était le montant d'un billet payable dans 32 mois qui a subi une escompte de 2100 fr. ? Le taux de l'escompte étant 4,50 0/0 par an (*V.* le problème du n° **220**).

Troisième problème. Un billet de 17500 fr. payable dans

32 mois a subi une escompte de 2100 fr. Quel était le taux de l'escompte ? (*V.* le problème du n° **221**.)

PARTAGES PROPORTIONNELS.

232. *Premier problème.* Partager le nombre 126 en trois parts proportionnelles aux nombres 2, 5, 7.

La somme $2 + 5 + 7$ étant 14, on raisonne ainsi :

Si la somme à partager était 14, les parts seraient évidemment 2, 5, 7.

Si la somme à partager était 1, les parts seraient 14 fois plus petites ou $\dfrac{2}{14}$, $\dfrac{5}{14}$, $\dfrac{7}{14}$.

La somme à partager étant 126, les parts seront 126 fois plus grandes ou :

$$\frac{2 \times 126}{14} = 18, \quad \frac{5 \times 126}{14} = 45, \quad \frac{7 \times 126}{14} = 63.$$

Il est facile de vérifier l'égalité des rapports : $\dfrac{18}{2}$, $\dfrac{45}{5}$, $\dfrac{63}{7}$; *cette égalité est même la définition du problème.*

233. *Deuxième problème.* Partager le nombre 1750 en trois parts proportionnelles aux nombres $\dfrac{3}{2}$, $\dfrac{5}{7}$, $\dfrac{9}{4}$.

On commence par réduire ces fractions au même dénominateur et l'on trouve : $\dfrac{84}{56}$, $\dfrac{40}{56}$, $\dfrac{126}{56}$.

La question revient évidemment à partager 1750 en trois parts proportionnelles aux nombres 84, 40, 126.

On trouve d'après le premier problème :

$$\frac{84 \times 1750}{250} = 588, \quad \frac{40 \times 1750}{250} = 280, \quad \frac{126 \times 1750}{250} = 882.$$

RÈGLE DE SOCIÉTÉ.

234. La règle de société a pour but de répartir entre plusieurs associés les bénéfices résultant de leur association.

235. Si les mises sont restées dans la société pendant le même temps, les parts sont proportionnelles aux mises.

236. Si les mises sont restées dans la société pendant des temps différents, les parts sont proportionnelles aux produits des mises par les temps.

237. *Premier problème.* Trois associés ont mis : le premier 2000 fr., le second 5000 fr., le troisième 7000 fr. Ils ont gagné 12600 fr. Quelle part revient à chacun ?

Le problème revient à partager 12600 fr. en trois parts proportionnelles aux nombres 2000, 5000, 7000.

D'après le nº **232** on trouve pour les trois parts :

$$1800, \quad 4500, \quad 6300.$$

238. *Deuxième problème.* Trois associés ont mis : le premier 12000 fr. pendant 7 ans, le second 4000 fr. pendant 10 ans, le troisième 14000 fr. pendant 9 ans. Ils ont gagné 17500 fr. Quelle part revient à chacun ?

En multipliant les mises par les temps on trouve :

$$12000 \times 7 = 84000; \quad 4000 \times 10 = 40000; \quad 14000 \times 9 = 126000.$$

Le problème revient à partager 17500 fr. en trois parts proportionnelles aux nombres 84000, 40000, 126000.

D'après le nº **233** on trouve pour les trois parts :

$$5880, \quad 2800, \quad 8820.$$

MELANGES.

239. *Premier problème*. On a mélangé 150 litres de vin à 0 fr., 75 le litre; 85 litres à 0 fr., 90 le litre ; 230 litres à 1 fr.,10; à combien revient le litre du mélange ?

$$150 \text{ litres à } 0 \text{ fr., } 75 \text{ coûtent } 0{,}75 \times 150 = 112{,}50$$
$$85 \text{ litres à } 0 \text{ , } 90 \text{ coûtent } 0{,}90 \times 85 = 76{,}50$$
$$230 \text{ litres à } 1 \text{ , } 10 \text{ coûtent } 1{,}10 \times 230 = 253{,}00$$

Les $\overline{465}$ litres de mélange coûtent. . . . $\overline{442{,}00}$

1 litre du mélange coûte $\dfrac{442}{465} = 0$ fr.,95

240. *Deuxième problème*. On a acheté 150 litres de vin à 0 fr., 75 le litre. Combien doit-on mettre de litres d'eau pour gagner 16, 50 en vendant le litre, 0,60?

Le prix d'achat est $0{,}75 \times 150 = 112{,}50$; le prix de vente est $112{,}50 + 16{,}50 = 129$ francs.

Le nombre de litres que l'on doit vendre à 0 fr., 60 pour 129 francs, est $\dfrac{129}{0{,}60} = 215$ litres. Le nombre de litres d'eau est donc $215 - 150 = 65$.

ALLIAGES.

241. Certains métaux peuvent se combiner entre eux par la fusion, et former des *alliages*.

Les métaux précieux comme l'or et l'argent, n'ont pas une dureté suffisante pour être employés purs à la fabrication des monnaies, des articles de bijouterie et d'orfévrerie. On les allie ordinairement à une certaine quantité de cuivre.

242. On appelle *titre* d'un alliage le rapport entre le poids du métal précieux et le poids total de l'alliage. Ainsi, dire qu'un bijou est au titre de 0,850 ou $\frac{850}{1000}$ c'est dire que sur 1000 grammes d'alliage il y a 850 grammes de métal précieux.

Le titre des monnaies est 0,900 ou $\frac{900}{1000}$ ou $\frac{9}{10}$

243. *Premier problème.* Combien y a-t-il d'or pur dans 126 grammes d'alliage d'or et de cuivre au titre de 0,750.

Sur 1000 grammes d'alliage il y a 750 grammes d'or pur.

Sur 1 gramme d'alliage il y a $\frac{750}{1000}$ d'or pur.

Sur 126 grammes il y a $\frac{126 \times 750}{1000}$ ou $126 \times 0{,}750 =$ 94, 50.

244. *Deuxième problème.* Quelle somme d'argent monnayé peut-on faire avec 153 grammes d'argent pur?

Avec   9 grammes d'argent pur on fait 2 francs.

Avec   1 gramme. . . . . $\frac{2}{9}$

Avec 153 grammes . . . . $\frac{2 \times 153}{9} = 34$ fr.

MOYENNES ARITHMÉTIQUES.

245. La moyenne arithmétique de plusieurs quantités s'obtient en divisant la somme de ces quantités par leur nombre.

Ainsi la moyenne arithmétique des quatre nombres 25, 30, 36, 41 est $\frac{25 + 30 + 36 + 41}{4} = \frac{132}{4} = 33.$

6.

246. *Premier problème.* En mesurant 4 fois une même ligne on a trouvé : 3541,7 ; 3542,3 ; 3540,9 ; 3542,1.

On prend la moyenne de ces quatre nombres, et l'on considère cette moyenne comme la longueur de la ligne. On trouve :

$$\frac{3541,7 + 3542,3 + 3540,9 + 3542,1}{4} = \frac{14167}{4} = 3541,75.$$

247. *Deuxième problème.* Dans un marché il a été vendu 37 hectolitres de blé à 28 fr. l'hectolitre ; 42 hectolitres à 25 fr. ; 19 hectolitres à 27 fr. ; quel est le prix moyen ?

37 hectolitres à 28 fr. coûtent $28 \times 37 = 1036$ fr.

42   à 25   coûtent $25 \times 42 = 1050$

19   à 27   coûtent $27 \times 19 = 513$

Les 98 hectolitres coûtent. . . . . 2599 fr.

1 hectolitre coûte $\dfrac{2599}{98} = 26$ fr.,52.

DES ÉGALITÉS.

248. On indique que deux quantités sont égales en les séparant par le signe $=$ qui se prononce *égale*. Ainsi pour exprimer que les deux quantités $5 + 3$ et $6 + 2$ sont égales, on écrit $5 + 3 = 6 + 2$; et cette expression constitue une égalité dont le *premier membre* est $5 + 3$ et le *second membre* $6 + 2$.

Il est évident que l'on peut écrire le premier membre à la place du second et réciproquement $6 + 2 = 5 + 3$.

Nous admettrons comme évidents les deux principes qui suivent :

249. *Premier principe.* On peut ajouter ou retrancher une même quantité aux deux membres d'une égalité, et, après l'une ou l'autre de ces opérations, on a encore une égalité.

250. *Deuxième principe.* On peut multiplier ou diviser par une même quantité les deux membres d'une égalité, et, après l'une ou l'autre de ces opérations, on a encore une égalité.

TRANSFORMATIONS QUE L'ON PEUT FAIRE SUBIR AUX ÉGALITÉS.

251. Considérons l'égalité $10 + 7 - 8 = 11 - 2$. Je dis que l'on peut faire passer un terme quelconque d'un membre dans l'autre.

Supposons que l'on se propose de faire passer **7** du premier membre dans le second. En effaçant **7** dans le premier membre, on retranche **7** à ce membre ; il faut donc retrancher aussi **7** au second membre (n° **249**) et l'égalité devient : $10 - 8 = 11 - 7 - 2$.

D'où l'on voit que **7** qui avait le signe $+$ dans le premier membre (1), est passé dans le second membre avec le signe —

252. Supposons que dans la même égalité $10 + 7 - 8 = 11 - 2$, on se propose de faire passer — 2 du second membre dans le premier.

En effaçant — 2 dans le second membre, on ajoute 2 à ce membre. Il faut donc ajouter aussi 2 au premier membre (n° **249**) et l'égalité devient $10 + 7 - 8 + 2 = 11$.

D'où l'on voit que 2 qui avait le signe — dans le second membre, est passé dans le premier avec le signe +

253. Concluons de ces deux exemples que *pour faire passer un terme d'un membre dans l'autre, il suffit de l'effacer dans ce membre, et de l'écrire dans l'autre avec un signe contraire.*

254. Dans une égalité telle que $10 + 7 - 8 = 11 - 2$, on pourra *isoler* un terme dans un membre.

Supposons qu'on se propose d'isoler 7 dans le premier membre.

On a : $10 + 7 = 11 - 2 + 8$ (en faisant passer 8 au second membre (n° **253**).

Puis $7 = 11 - 2 + 8 - 10$ (en fa(sant passer 10 au second membre (n° **253**).

Supposons que dans la même égalité $10 + 7 - 8 = 11 - 2$, on se propose d'isoler 2 dans un membre.

On a $10 + 7 - 8 - 11 = - 2$ (en faisant passer 11 au premier membre).

Mais pour ne pas avoir 2 avec le signe —, mettons le pre-

---

(1) En disant que 7 avait le signe + dans le premier membre, nous voulons seulement dire que 7 devait être ajouté à d'autres quantités contenues dans ce premier membre; et en disant que 7 est passé dans le second membre avec le signe —, nous voulons dire que 7 devra être retranché d'autres quantités contenues dans ce second membre.

mier membre à la place du second, et réciproquement (n° **248**) ; tous les signes changeront ainsi, et l'on aura $2 = 11 + 8 - 7 - 10$.

255. Considérons l'égalité $3 \times 8 \times 15 = 4 \times 90$; et supposons que l'on se propose de faire passer le facteur 8 du premier membre dans le second.

En effaçant 8 dans le premier membre, on divise ce membre par 8 ; il faut donc diviser aussi le second membre par 8 (n° **250**), et l'égalité devient : $3 \times 15 = \dfrac{4 \times 90}{8}$

Supposons que dans la même égalité $3 \times 8 \times 15 = 4 \times 90$, on se propose de faire passer le facteur 90 du second membre dans le premier ; en raisonnant comme précédemment, on aura : $\dfrac{3 \times 8 \times 15}{90} = 4$

256. D'où l'on voit que *pour faire passer un multiplicateur d'un membre dans l'autre, il suffit de l'effacer dans ce membre et de l'écrire dans l'autre comme diviseur.*

257. Considérons l'égalité $\dfrac{3 \times 15}{4} = \dfrac{90}{8}$; et supposons que l'on se propose de faire passer le diviseur 4 du premier membre dans le second.

En effaçant 4 dans le premier membre, on multiplie ce membre par 4 ; il faut donc multiplier aussi le second membre par 4 (n° **250**) ; et l'égalité devient : $3 \times 15 = \dfrac{4 \times 90}{8}$

Supposons que dans la même égalité $\dfrac{3 \times 15}{4} = \dfrac{90}{8}$, on se propose de faire passer le diviseur 8 du second membre dans le premier ; en raisonnant comme précédemment, on aura : $\dfrac{3 \times 15 \times 8}{4} = 90$.

D'où l'on voit que *pour faire passer un diviseur d'un membre dans l'autre, il suffit de l'effacer dans ce membre, et de l'écrire dans l'autre en multiplicateur.*

258. Dans une égalité telle que $\dfrac{3 \times 15}{4} = \dfrac{90}{8}$, on peut *isoler* un facteur quelconque (multiplicateur ou diviseur) dans un membre.

Supposons qu'on se propose d'isoler 15 dans un membre.

On a : $3 \times 15 = \dfrac{90 \times 4}{8}$ (en faisant passer le diviseur 4 au second membre (n° **257**).

Puis $15 = \dfrac{90 \times 4}{8 \times 3}$ (en faisant passer le multiplicateur 3 au second membre (n° **256**).

Supposons que dans la même égalité $\dfrac{3 \times 15}{4} = \dfrac{90}{8}$, on se propose d'isoler 8 dans un membre.

On a : $\dfrac{3 \times 15 \times 8}{4} = 90$ (n° **257**).

Puis $3 \times 15 \times 8 = 4 \times 90$ (n° **257**).

Enfin $8 = \dfrac{4 \times 90}{3 \times 15}$ (n° **256**).

259. Nous avons appelé *proportion* (n° **203**) l'expression de l'égalité de deux rapports. *Exemple* : $\dfrac{18}{6} = \dfrac{441}{147}$.

Il résulte des paragraphes précédents que l'on peut connaître un quelconque des quatre termes quand on connaît les trois autres.

Supposons que le nombre 6 soit inconnu, la proportion devient : $\dfrac{18}{x} = \dfrac{441}{147}$ d'où $x = \dfrac{18 \times 147}{441} = 6$ (n° **258**).

260. *Cas particulier*. Dans toute proportion de la forme $\frac{18}{6} = \frac{6}{2}$ ce terme 6 ainsi répété s'appelle une *moyenne géométrique* entre les deux autres termes 18 et 2.

Si ce nombre était inconnu, la proportion deviendrait : $\frac{18}{x} = \frac{x}{2}$; d'où $x^2 = 18 \times 2$ (n° **258**).

Ces deux carrés étant égaux, leurs racines carrées sont égales ; Donc : $x = \sqrt{18 \times 2} = \sqrt{36} = 6$

Donc on trouve la moyenne géométrique entre deux nombres en extrayant la racine carrée du produit de ces deux nombres.

261. Comme exercice, considérons l'égalité $\frac{3 \times (10 + 5)}{4}$ $= \frac{15 \times 6}{7 + 1}$, et proposons-nous d'isoler 10 dans un membre.

On a $3 \times (10 + 5) = \frac{15 \times 6 \times 4}{7 + 1}$ (n° **257**).

Puis $10 + 5 = \frac{15 \times 6 \times 4}{(7 + 1) \times 3}$ (n° **256**).

Et enfin $10 = \frac{15 \times 6 \times 4}{(7 + 1) \times 3} - 5$ (n° **253**).

262. REMARQUE. Si le terme isolé dans un membre est inconnu, le second membre indique les calculs à effectuer sur les nombres connus pour trouver le terme inconnu. C'est pourquoi on n'isole ordinairement que les termes inconnus.

Ainsi dans l'égalité précédente, en supposant que 10 soit inconnu, on aurait : $x = \frac{15 \times 6 \times 4}{(7 + 1) \times 3} - 5 = 15 - 5 = 10$.

DE LA GÉNERALISATION DES PROBLÈMES.

263. Dans les problèmes considérés jusqu'ici, on raisonnait sur des nombres donnés ; puis, après avoir effectué les calculs indiqués par le raisonnement, on arrivait à un résultat numérique qui ne gardait aucune trace, ni des nombres donnés, ni des calculs que l'on avait dû faire pour résoudre le problème. Ainsi dans la règle d'intérêt du n° **219**, après avoir raisonné sur les nombres donnés : 17500 ; 4,50 ; 32, on a été conduit à diviser le produit 4,50 $\times$ 17500 $\times$ 32 par le produit 100 $\times$ 12. Mais dans le résultat 2100, il est impossible de reconnaître ni les données 17500 ; 4,50 ; 32, ni les calculs que l'on a faits ; de sorte que, toutes les fois que l'on voudra résoudre un problème du même genre, on sera obligé de recommencer les mêmes raisonnements.

Supposons que les données, au lieu d'être des nombres, soient représentées par des lettres ; par exemple, que le capital soit représenté par l'initiale C, le taux par T, le nombre de mois par M, et l'intérêt par I. Il est clair que l'on peut raisonner sur ces lettres comme on a raisonné sur les nombres du problème **219**, et l'on dira :

100 ^{fr} placés pendant 12 mois rapportent T

$$1 \quad \ldots \quad 12 \quad \ldots \quad 100 \text{ fois moins ou} \quad \frac{T}{100}$$

$$C \quad \ldots \quad 12 \quad \ldots \quad C \text{ fois plus ou} \quad \frac{T \times C}{100}$$

$$C \quad \ldots \quad 1 \quad \ldots \quad 12 \text{ fois moins ou} \quad \frac{T \times C}{12 \times 100}$$

$$C \quad \ldots \quad M \quad \ldots \quad M \text{ fois plus ou} \quad \frac{\times C \times M}{12 \times 100}$$

On a donc l'égalité $I = \dfrac{T \times C \times M}{12 \times 100}$

Les lettres I, T, C, M, n'ayant pu se fondre dans le calcul comme des nombres, nous sommes arrivés à une FORMULE contenant l'indication des calculs que l'on doit faire sur les données pour résoudre tous les problèmes analogues à celui du n° **219**.

Exemple : Quel est l'intérêt de 3600 fr. placés à 5,70 0/0 pendant 15 mois?

Dans ce problème C = 3600, T = 5,70, M = 15 et la formule $I = \dfrac{T \times C \times M}{100 \times 12}$ devient

$$I = \frac{5,70 \times 3600 \times 15}{100 \times 12} = 256, 50.$$

265. Il y a plus, la formule $I = \dfrac{T \times C \times M}{100 \times 12}$ nous permettra de résoudre, outre les problèmes analogues à celui du n° **219**, ceux des numéros suivants.

Premier exemple. Quel est le capital qui, placé à 5,70 0/0 pendant 15 mois a rapporté 256,50 ?

Ici, le capital C étant inconnu, *isolons* C (n° **262**).

La formule $I = \dfrac{T \times C \times M}{100 \times 12}$ devient

$I \times 100 \times 12 = T \times C \times M$ (n° **257**) puis

$\dfrac{I \times 100 \times 12}{T \times M} = C$ (n° **256**).

Remplaçons les lettres par les nombres qu'elles représentent, on aura :

$$C = \frac{I \times 100 \times 12}{T \times M} = \frac{256,50 \times 100 \times 12}{5,70 \times 15} = 3600.$$

Deuxième exemple. Un capital de 3600 fr. placé pendant 15 mois a rapporté 256,50. A quel taux était-il placé?

Ici, le taux T étant inconnu, *isolons* T (n° **262**).

La formule $I = \dfrac{T \times C \times M}{100 \times 12}$ devient

$$I \times 100 \times 12 = T \times C \times M \text{ (n° 257)}$$

puis $\dfrac{I \times 100 \times 12}{C \times M} = T$ (n°256).

Remplaçons les lettres par les nombres qu'elles représentent, on aura :

$$T = \frac{I \times 100 \times 12}{C \times M} = \frac{256,50 \times 100 \times 12}{3600 \times 15} = 5,70.$$

Troisième exemple. Un capital de 3600 fr. placé à 5,70 o/o a rapporté 256,50. Pendant combien de temps est-il resté placé ?

Ici le nombre de mois M étant inconnu, *isolons* M.

La formule $I = \dfrac{T \times C \times M}{100 \times 12}$ devient

$$I \times 100 \times 12 = T \times C \times M, \text{ puis } \frac{I \times 100 \times 12}{T \times C} = M.$$

Remplaçons les lettres par les nombres qu'elles représentent, on aura :

$$M = \frac{I \times 100 \times 12}{T \times C} = \frac{256,50 \times 100 \times 12}{5,70 \times 3600} = 15 \text{ mois.}$$

---

266. Considérons cette autre question.

Un pensionnat composé de 112 élèves est divisé en quatre classes; il y a 19 élèves dans la première classe, 27 dans la deuxième, 31 dans la troisième, et 35 dans la quatrième.

On a l'égalité $19 + 27 + 31 + 35 = 112$.

Pour généraliser représentons par A, B, C, D, les nombres d'élèves de la première, de la deuxième, de la troisième et de la quatrième classe; par S la somme totale des élèves; l'égalité devient : $A + B + C + D = S$.

Supposons que l'on propose le problème suivant :

Un pensionnat composé de 112 élèves est divisé en quatre

classes : il y a 19 élèves dans la première classe, 31 dans la troisième, et 35 dans la quatrième. Combien y-a-t-il d'élèves dans la deuxième classe?

Ici B étant inconnu, isolons B (n° **262**.)

La formule $A + B + C + D = S$ devient $B = S — A — C — D$ (n° **254**).

Remplaçons les lettres par les nombres qu'elles représentent, on a : $B = S — A — C — D = 112 — 19 — 31 — 35 = 27$.

La formule $A + B + C + D = S$ donnerait A ou C ou D de même qu'elle vient de nous donner B.

___

267. Considérons cette autre question.

Un marchand a acheté pour 7843 fr. de coton ; les frais de transport sont de 972 fr. ; il a revendu ce coton 8302 fr. ; il a donc perdu 513 fr.

On a l'égalité $7843 + 972 — 8302 = 513$.

Pour généraliser, représentons le prix d'achat par A, les frais par F, le prix de vente par V, la perte par P, l'égalité devient : $A + F — V = P$.

Supposons maintenant que l'on propose le problème suivant :

Un marchand a acheté pour 7843 fr. de coton ; en revendant ce coton 8302 fr. il a perdu 513 fr., à combien se montaient les frais de transport?

Ici les frais F étant inconnus, isolons F (n° **262**).

La formule $A + F — V = P$, devient $F = P + A + V$ (n° **254**).

Remplaçons les lettres par les nombres, on aura :
$F = P — A + V = 513 — 7843 + 8302$
ou $8302 + 513 — 7843$ (1) $= 972$ francs.

___

(1) Pour n'être pas embarrassé dans le calcul, nous mettons à la fin la quantité à soustraire 7843.

Supposons que l'on ait à résoudre la question suivante :

Un marchand a perdu 513 francs en vendant du coton qui lui avait coûté 7843 francs ; sachant que les frais de transport étaient de 972 francs, on demande combien il l'a vendu.

Ici le prix de vente V étant inconnu isolons V.

La formule $A + F - V = P$ devient
$V = A + F - P$ (n° **254**).

Remplaçons les lettres par les nombres on aura :
$V = A + F - P = 7843 + 972 - 513 = 8302$ fr.

La formule générale $A + F - V = P$, donnerait A ou P de même qu'elle vient de nous donner F et V.

---

268. Considérons cette autre question :

Une division forte de 6480 hommes a du pain pour 8 jours à raison de 15 onces par homme et par jour.

On a employé pour le transport de ce pain, 60 chariots contenant chacun 270 pains de 3 livres ; la livre vaut 16 onces.

$15^o \times 8^j \times 6480^h$ représente la consommation ; $60^c \times 270^p \times 3^l \times 16^a$ représente le pain apporté. On doit avoir l'égalité $15^o \times 8^j \times 6480^h = 60^c \times 270^p \times 3^l \times 16^o$.

Pour généraliser, représentons par O le nombre d'onces composant la ration d'un homme, par J le nombre de jours, par H le nombre d'hommes, par C le nombre de chariots, par P le nombre de pains, par L le nombre de livres de chaque pain, et par 16 le nombre d'onces contenues dans une livre.

L'égalité devient : $O \times J \times H = C \times P \times L \times 16$.

Supposons maintenant que l'on propose le problème suivant :

Une division a du pain pour 8 jours à raison de 15 onces

par homme et par jour. On a employé pour le transport de ce pain 60 chariots contenant chacun 270 pains de 3 livres. La livre vaut 16 onces. On demande de combien d'hommes se composait cette division ?

Ici H étant inconnu, isolons H (n° **262**).

La formule $O \times J \times H = C \times P \times L \times 16$ devient :

$$H = \frac{C \times P \times L \times 16}{O \times J} \quad (n° \mathbf{256}).$$

Remplaçons les lettres par les nombres qu'elles représentent, on a :

$$H = \frac{C \times P \times L \times 16}{O \times J} = \frac{60 \times 270 \times 3 \times 16}{15 \times 8} = 6480 \text{ hommes.}$$

Soit encore le problème suivant :

Une division de 6480 hommes a du pain pour 8 jours, à raison de 15 onces par homme et par jour. On a employé pour le transport de ce pain 60 chariots. Chaque pain pesant 3 livres, on demande combien il y avait de pains dans chaque chariot ?

Ici P étant inconnu, isolons P.

La formule $O \times J \times H = C \times P \times L \times 16$ devient :

$$P = \frac{O \times J \times H}{C \times L \times 16}$$

Remplaçons les lettres par les nombres, on a :

$$P = \frac{O \times J \times H}{C \times L \times 16} = \frac{15 \times 8 \times 6480}{60 \times 3 \times 16} = 270 \text{ pains.}$$

La formule générale $O \times J \times H = C \times P \times L \times 16$ donnerait O ou J ou C ou L de même qu'elle vient de nous donner H et P.

269. On pourrait résoudre d'une manière analogue un grand nombre d'autres problèmes ; mais ceux que nous avons choisis suffisent pour faire comprendre les formules que nous rencontrerons dans l'évaluation des quantités géométriques.

Il est important de remarquer qu'une formule permet de résoudre autant de problèmes qu'elle contient de lettres. Ainsi la formule du n° **268** qui contient 6 lettres : O, J, H, C, P, L, peut donner la solution de 6 problèmes. Nous avons résolu deux de ces problèmes ; les quatre autres se traiteraient de même.

GÉOMÉTRIE

DÉFINITIONS.

270. Le *volume* d'un corps est la portion de l'espace qu'il occupe.

271. La *surface* d'un corps est la limite qui le sépare de l'espace extérieur.

272. Une *ligne* est la limite qui termine une portion de surface.

273. Un *point* est la limite qui termime une portion de ligne.

274. La *géométrie* a pour but d'étudier les propriétés des lignes, des surfaces, des volumes et de mesurer ces quantités dans le sens qui sera expliqué au (n° **304.**)

275. La *ligne droite* est le plus court chemin d'un point à un autre. On trace les lignes droites sur le papier au moyen d'une règle. On marque les lignes droites sur le terrain au moyen d'une ficelle bien tendue et enduite de craie, que l'on soulève et qu'on laisse retomber brusquement.

276. Le *plan* est la plus simple de toutes les surfaces ; ce qui le caractérise, c'est qu'on peut y appliquer une ligne droite dans tous les sens.

Nous supposerons jusqu'au n° **396** que toutes nos figures sont tracées dans un plan.

277. La ligne *brisée* est une ligne composée de plusieurs lignes droites. *Exemple* : ABCD.

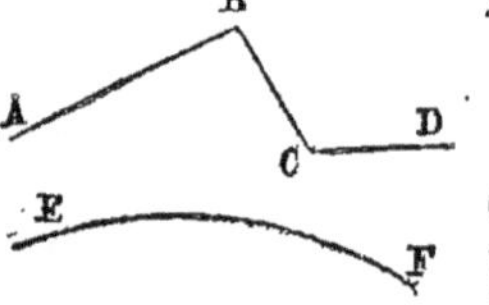

278. La ligne *courbe* est une ligne qui n'est ni droite ni composée de lignes droites. *Exemple* : EF.

279. La *circonférence* est une ligne courbe dont tous les points sont également distants d'un point intérieur nommé *centre*. On trace les circonférences avec un *compas*.

280. Un *rayon* est une ligne droite qui part du centre et aboutit à la circonférence. *Ex*. OA.

Dans un même cercle, tous les rayons sont égaux.

281. Un *diamètre* est une ligne droite passant par le centre et limitée à la circonférence. *Ex*. : AB.

Un diamètre vaut deux rayons.

282. Un *arc* est une portion de circonférence. *Ex*. : CFD.

283. Une *corde* est une ligne droite qui joint les deux extrémités d'un arc. *Ex*. : CD.

284. Une *flèche* est une ligne droite qui joint le milieu de l'arc au milieu de la corde. *Ex*. : EF.

285. Une *tangente* est une ligne qui touche la circonférence en un point. *Ex*. : HG.

Une *sécante* est une ligne qui coupe la circonférence en deux points. *Ex*. : HI.

286. Un *angle* est la figure formée par deux lignes AB, AC partant d'un même point A dans deux directions différentes. Le point A d'où partent ces lignes s'appelle le *sommet* de l'angle; les deux lignes AB, AC s'appellent *côtés* de l'angle. L'angle se désigne par la lettre de son sommet A; ou encore par trois lettres BAC ou CAB, en mettant la lettre du sommet au milieu.

La grandeur d'un angle ne dépend que de l'écartement de ses côtés.

287. Deux angles sont égaux quand on peut les placer l'un sur l'autre de manière que, les deux sommets coïncidant, les côtés coïncident.

288. Quand une ligne DA tombe sur une autre CB de manière à former deux angles égaux DAC, DAB, cette ligne DA est dite *perpendiculaire* sur CB. Réciproquement CB est perpendiculaire sur DA.

289. Une *oblique* est une ligne DE qui n'est pas perpendiculaire.

290. Si la ligne DA a la direction du *fil à plomb*, elle est *verticale*. Alors toute perpendiculaire CB est *horizontale*.

291. Un angle *droit* est celui qui est formé par deux lignes perpendiculaires entre elles. *Ex.* : DAB, DAC.

292. Un angle *obtus* est celui qui est plus grand qu'un angle droit. Un angle *aigu* est celui qui est plus petit qu'un angle droit.

7.

293. On appelle *parallèles* des lignes qui ne peuvent se rencontrer à quelque distance qu'on les suppose prolongées.

294. On peut tracer les perpendiculaires et les parallèles au moyen de l'*équerre*.

Pour qu'une équerre soit juste il faut que l'angle B A C soit droit.

SURFACES.

295. Un *polygone* est une portion de plan terminée par des lignes droites.

Les lignes droites qui limitent le polygone s'appellent *côtés*.

Les sommets des angles du polygone sont les *sommets* du polygone.

296. Le *triangle* est un polygone de trois côtés.

Le *quadrilatère* est un polygone de quatre côtés.

Le *pentagone* est un polygone de cinq côtés.

L'*hexagone* est un polygone de six côtés.

L'*octogone* est un polygone de huit côtés.

Le *décagone* est un polygone de dix côtés.

Le *dodécagone* est un polygone de douze côtés.

Le *pentédécagone* est un polygone de quinze côtés.

L'*icosagone* est un polygone de vingt côtés.

Les autres polygones n'ont pas reçu de noms particuliers.

Ainsi l'on dit : Un polygone de 17 côtés, un polygone de 23 côtés.

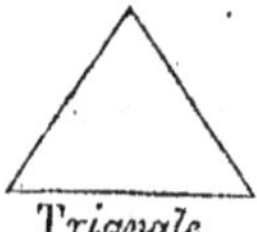
Triangle

Quadrilatère

Pentagone

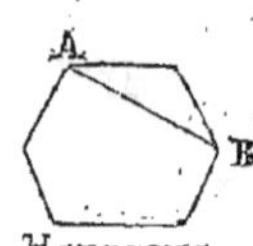
Hexagone

297. On appelle *diagonale* une ligne telle que AB joignant deux sommets non adjacents du polygone.

298. Les triangles suivant leurs formes, prennent différents noms :

Le triangle *scalène* a ses trois côtés inégaux.

Le triangle *isocèle* a deux côtés égaux.

Le triangle *équilatéral* a ses trois côtés égaux.

Le triangle *rectangle* a un angle droit ; le côté opposé à
l'angle droit s'appelle *hypoténuse*.

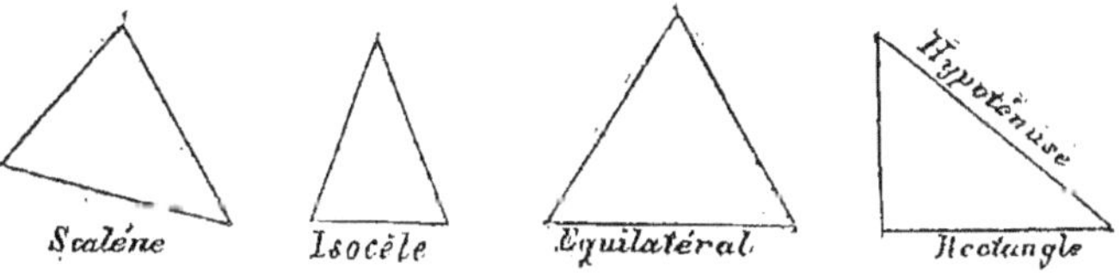

299. Les quadrilatères, suivant leurs formes, prennent
différents noms.

Le *trapèze* a deux côtés opposés parallèles.

Le *parallélogramme* a ses côtés opposés parallèles.

Le *rectangle* est un parallélogramme à angles droits.

Le *quarré* est un rectangle à côtés égaux.

Le *losange* est un parallélogramme à côtés égaux.

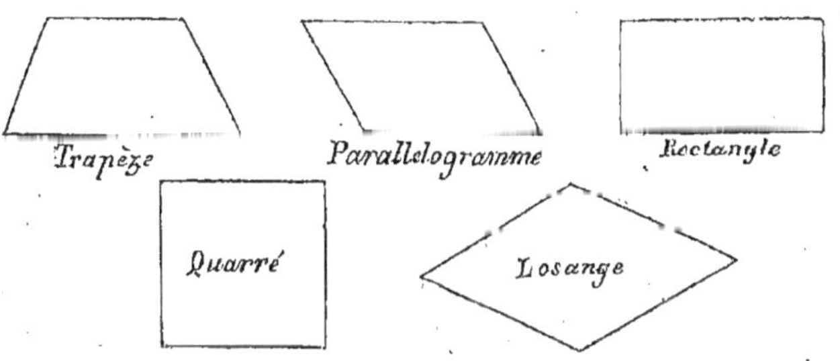

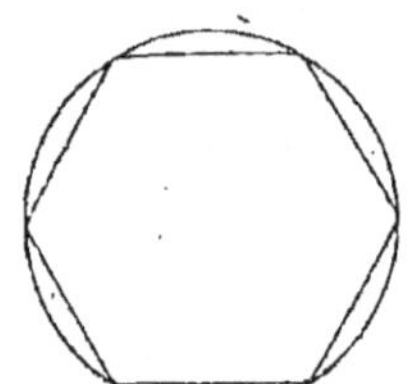

300. Un polygone est *régulier* quand il a ses côtés égaux et ses angles égaux. On obtient un polygone régulier de 3, 4, 5, 6..... côtés, en divisant une circonférence en 3, 4, 5, 6..... parties et joignant deux à deux les points de division. (Voir le n° **340**.)

301. On appelle *cercle* la portion de plan limitée par une circonférence. Ainsi le cercle est une surface, tandis que la circonférence n'est qu'une ligne.

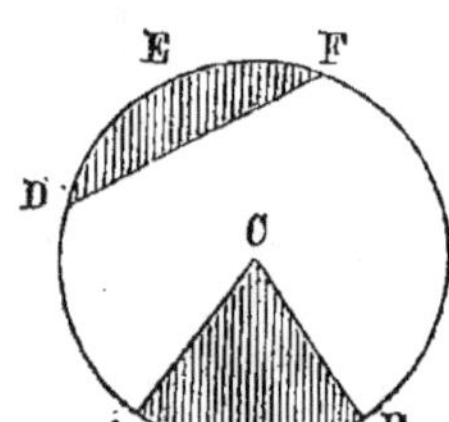

302. Un *secteur* est une portion de cercle ACB comprise entre un arc AB et les deux rayons CA, CB qui aboutissent aux extrémités de cet arc.

303. Un *segment* est une portion de cercle DEF comprise entre un arc DFE et sa corde DF.

DE LA MESURE DES QUANTITÉS GÉOMÉTRIQUES.

304. Mesurer une quantité c'est la comparer à une quantité de même espèce que l'on nomme unité (n° **68**).

Le résultat de cette comparaison est un nombre.

Les unités de longueur sont le mètre avec ses multiples et ses sous-multiples.

Les unités de surface sont des carrés ayant pour côtés les unités de longueur.

Les unités de volume sont des cubes ayant pour côtés les unités de longueur.

305. La comparaison d'une quantité à son unité se fait tantôt *directement* tantôt *indirectement*.

306. *Premier exemple.* Mesurer une ligne droite.

Il suffit de prendre le mètre ou un de ses sous-multiples, et de le porter sur la ligne autant de fois qu'il pourra y être contenu : le nombre de fois que l'unité sera contenue dans la ligne, exprimera la mesure de cette ligne. Cette mesure peut donc se faire *directement.*

307. *Deuxième exemple.* Mesurer la surface d'un triangle.

Les unités de surface étant des carrés, il n'est pas possible de porter un carré dans un triangle pour savoir combien de fois le carré pourra être contenu dans le triangle. La différence de forme entre l'unité (*quarré*) et la quantité à mesurer (*triangle*) s'oppose à une mesure directe.

Mais la géométrie enseigne que cette mesure, impossible directement, peut se remplacer par la mesure de certaines lignes du triangle (nommées pour cette raison *dimensions du triangle*), sauf à faire un calcul sur les nombres qui représentent ces lignes.

On remplace donc la mesure de la surface (impossible directement) par la mesure *indirecte* mais facile de lignes.

308. On peut dire en général que les *mathématiques* ont pour but de remplacer des mesures directes mais impossibles ou difficiles, par des mesures indirectes faciles.

Ainsi il n'est pas possible de mesurer directement la

distance qui nous sépare d'une forteresse ennemie, et cependant, en exécutant certaines mesures en dehors de la portée de cette forteresse, on parviendra par des calculs de trigonométrie, à déterminer très-exactement cette distance.

Il n'est pas possible de mesurer directement le volume d'un bloc quelconque, n'ayant aucune forme géométrique, et cependant, en exécutant certaines pesées, on parviendra au moyen des principes de physique à déterminer très-exactement ce volume.

L'arithmétique elle-même rentre dans cette définition des mathématiques. *Exemple*: multiplier 5843 par 627. L'opération directe consisterait à écrire 627 fois le multiplicande 5843, et à faire l'addition. Mais cette opération serait rebutante par sa longueur. L'opération indirecte consiste à multiplier 5843 par 7, puis par 20, puis par 600, et à ajouter ces trois produits partiels.

MESURE DES ANGLES.

309. Mesurer un angle c'est le comparer à un autre angle pris pour unité.

La comparaison directe de deux angles est une opération très-difficile. Ainsi pour comparer l'angle BAC à l'angle DEF, on devrait porter l'angle DEF dans l'angle BAC autant de fois qu'il pourrait y être contenu, et pour cela on serait obligé de tracer les lignes Am, An, Ap...

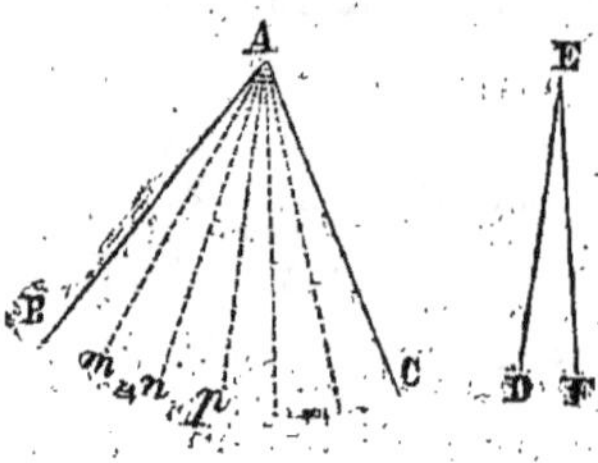

Mais traçons deux arcs de cercle des points A et E comme centres avec le même rayon. La courbure des deux arcs étant la même, il est aussi facile de comparer les deux arcs BC et DF, que de comparer deux lignes droites ; et si l'on remarque que l'angle A contient l'angle E autant de fois que l'arc BC contient l'arc DF (1), on pourra remplacer la comparaison des deux angles (difficile directement) par la comparaison des deux arcs.

310. L'unité d'angle est *l'angle droit* dont les sous-multiples sont le *degré*, la *minute* et la *seconde*. On est convenu de diviser l'angle droit en 90 degrés, le degré en 60 minutes et la minute en 60 secondes.

311. Un angle de 23 degrés, 17 minutes, 11 secondes s'écrit ainsi : 23° 17′ 11″.

312. Le *rapporteur* est un demi-cercle en corne ou en cuivre divisé en 180 degrés. Il sert à mesurer les arcs, et par suite les angles.

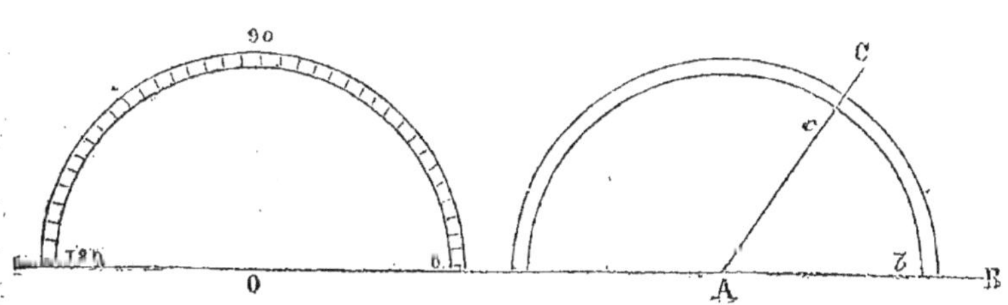

313. Pour mesurer un angle CAB, on place le rappor-

<hr>

(1) Ou plus généralement que le rapport des deux angles A et E est le même que le rapport des deux arcs BC et DF.

teur sur l'un des côtés AB de cet angle, de manière que son centre coïncide avec le sommet de l'angle. Le nombre des degrés de l'arc *bc* est la mesure de l'angle CAB.

314. Remarquons que la mesure directe de l'angle est remplacée par la mesure indirecte de l'arc.

315. Quand une ligne CA tombe sur une autre DB, elle forme avec cette autre deux angles généralement inégaux, l'un CAB est aigu, l'autre CAD est obtus. Si l'on place le rapporteur de manière que son diamètre coïncide avec la ligne DB, le centre *o* du rapporteur coïncidant avec le point A, on voit que les deux arcs *bc*, *cd* ont ensemble 180°. Donc ces deux angles valent ensemble deux angles droits.

316. Par le même procédé on verra que la somme des angles CAB, EAC, FAE, DAF formés autour d'un point A et du même côté d'une ligne DB vaut 180° ou deux droits.

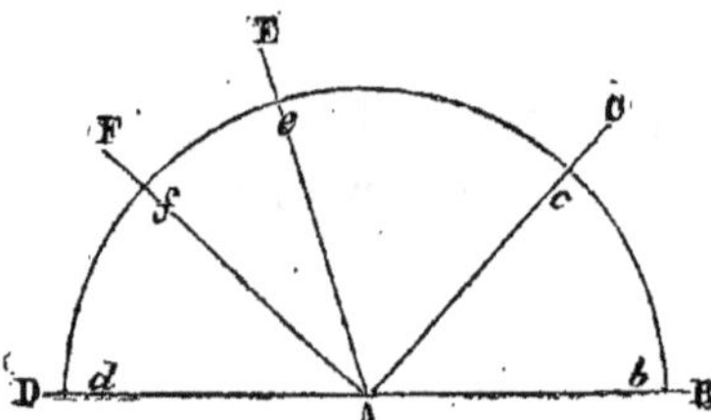

317. Si au-dessous de la ligne DB on mène par le point A les lignes AG, AH, la somme de tous les angles formés ainsi autour du point A vaut 360° ou quatre droits.

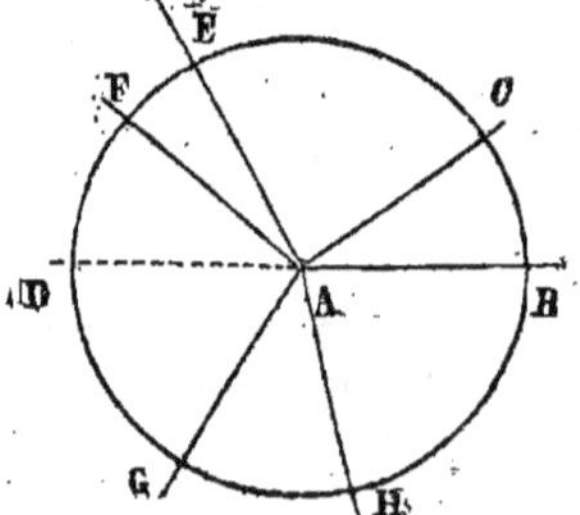

318. La somme des trois angles d'un triangle ABC vaut deux droits.

En menant par le point A une parallèle à BC, il résulte

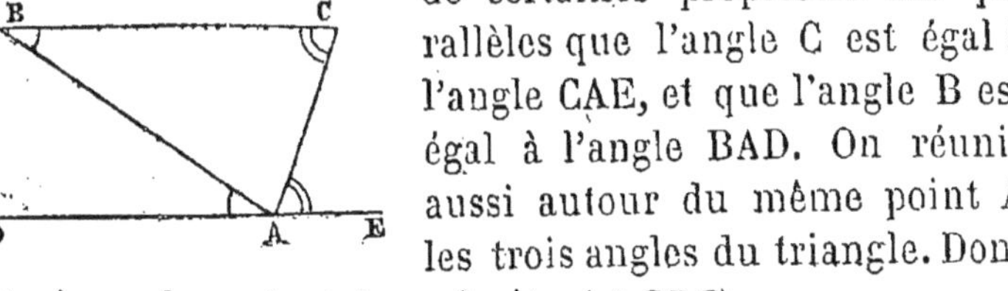

de certaines propriétés des parallèles que l'angle C est égal à l'angle CAE, et que l'angle B est égal à l'angle BAD. On réunit aussi autour du même point A les trois angles du triangle. Donc ces trois angles valent deux droits. (n° **316**).

319. La somme des angles d'un polygone est égale à autant de fois deux droits que le polygone a de côtés moins deux.

Menons par un sommet A des diagonales aux autres

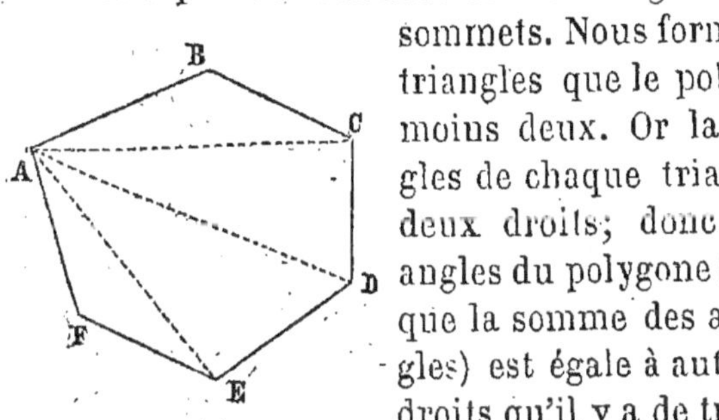

sommets. Nous formerons autant de triangles que le polygone a de côtés moins deux. Or la somme des angles de chaque triangle est égale à deux droits; donc la somme des angles du polygone (qui est la même que la somme des angles des triangles) est égale à autant de fois deux droits qu'il y a de triangles, c'est-à-dire à autant de fois deux droits que le polygone a de côtés moins deux.

320. Si l'on prolonge tous les côtés d'un polygone dans le même sens on forme des angles que l'on appelle *extérieurs*.

La somme des angles extérieurs d'un polygone quelconque est toujours égale à quatre angles droits.

Par un point pris dans le plan du polygone, menons des

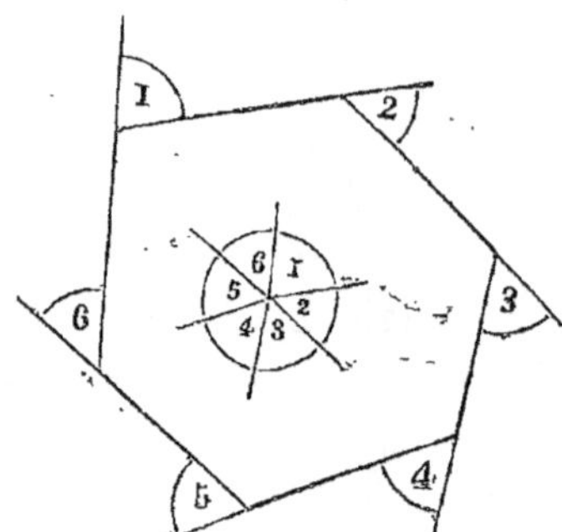

parallèles aux côtés de ce polygone. Nous rapporterons ainsi autour de ce point tous les angles extérieurs du polygone. Or la somme de tous ces angles vaut quatre droits (n° **317**).

EXERCICES.

321.   ADDITIONS D'ARCS OU D'ANGLES.

Premier exemple.   *Deuxième exemple.*

28°	9′	11″		15°	42′	35″
54°	17′	8″		18°	23′	41″
19°	21′	14″		33°	65′	76″
101°	47′	33″	ou	34°	6′	16″

Le premier exemple n'offre aucune difficulté.

Dans le second exemple la somme des secondes étant 76, cette somme contient 16 secondes que l'on écrit, plus 60 secondes ou une minute que l'on reporte sur la colonne des minutes. De même la somme des minutes devenant 66, on a écrit seulement 6 minutes et l'on a reporté 60 minutes ou un degré sur la colonne des degrés.

322.   SOUSTRACTION D'ARCS OU D'ANGLES.

Premier exemple.   *Deuxième exemple.*

83°	45′	17″	57°	18′	29″
45°	27′	18″	23°	42′	33″
38°	18′	9″	33°	35′	56″

Le premier exemple n'offre aucune difficulté.

Dans le second exemple, on ne peut retrancher 33″ de 29″; on emprunte à 18′ une minute ou 60 secondes que l'on ajoute à 29″, puis on retranche 33″ de 89″. Reste 56″. De même on ne peut retrancher 42′ de 17′. On emprunte à 57° un degré ou 60 minutes que l'on ajoute à 17′; puis on retranche 42′ de 77′. Reste 35′. On retranche enfin 23° de 56°. Reste 33°.

---

323. Multiplier 36° 23′ 41″ par 17.

On commence par convertir 36° 23′ 41″ en secondes.

36° = 60′ × 36 = 2160′; 2160′ + 23′ = 2183.

2183′ = 60″ × 2183 = 130980″; 130980″ + 41″ = 131021″.

Multipliant 131021″ par 17 on trouve 2227357″.

Cherchons maintenant combien 2227357″ contiennent de minutes et de degrés.

$$
\begin{array}{l|l|l}
2227357 & 60 & \\
427 & 37122 & 60 \\
73 & 112 & 618 \\
135 & 522 & \\
157 & 42 & \\
37 & & \\
\end{array}
$$

Divisant 2227357″ par 60, on a au quotient 37122′ et au reste 37″. Divisant 37122′ par 60 on a au quotient 618° et au reste 42′. Donc (36° 23′ 41″) × 17 = 618° 42′ 37″.

---

324. Diviser 618° 42′ 37″ par 17.

$$
\begin{array}{l|l}
618°\ 42'\ 37'' & 17 \\
108 & 36°,\ 23'\ 41'' \\
6 & \\
\hline
60 & \\
360 & \\
\hline
42 & \\
402' & \\
\hline
62 & \\
11 & \\
\hline
60 & \\
660 & \\
\hline
37 & \\
697'' & \\
\hline
17 & \\
0 & \\
\end{array}
$$

Divisant 618 par 17, on trouve 36° au quotient et 6° pour reste.

Ces 6° valent 6 × 60 ou 360′ qui, ajoutées aux 42′ donnent 402′.

Divisant 402′ par 17, on trouve 23′ au quotient et 11′ pour reste.

Ces 11′ valent 11 × 60 ou 660″ qui, ajoutées aux 37″, donnent 697″.

Divisant 697″ par 17 on trouve 41″ au quotient et 0 pour reste.

325. Connaissant deux angles d'un triangle calculer le troisième.

Exemple : l'angle A = 51° 18′, l'angle B = 62° 32′. Quelle est la valeur de l'angle C? On a A + B + C = 180′ (n° **318**). Donc C = 180 — (A + B) (n° **254**).

<table>
<tr><td></td><td></td><td>Vérification.</td></tr>
<tr><td></td><td></td><td>A = 51° 18′</td></tr>
<tr><td>A = 51° 18′</td><td>180° = 179° 60′</td><td>B = 62° 32′</td></tr>
<tr><td>B = 62° 32′</td><td>A + B = 113° 50′</td><td>C = 66° 10′</td></tr>
<tr><td>A + B = 113° 50′</td><td>C = 66° 10′</td><td>A+B+C=180° 00′</td></tr>
</table>

326. Connaissant l'angle au sommet d'un triangle isocèle, calculer les angles à la base. On sait que ces deux angles sont égaux.

Exemple : A = 48° 33′ 16″.

On a A + B + C = 180° ou A + 2 B = 180.

D'où 2 B = 180 — A (n° **254**) et $B = \dfrac{180 - A}{2}$ (n° **256**).

<table>
<tr><td>180 = 179° 59′ 60″</td><td>2 B = 131° 26′ 44″</td></tr>
<tr><td>A = 48° 33′ 16″</td><td>B = 65° 43′ 22″</td></tr>
<tr><td>2 B = 131° 26′ 44″</td><td>Vérification comme précédemment.</td></tr>
</table>

327. Calculer la somme des angles d'un polygone de 7 côtés (n° **319**).

Le nombre des côtés moins deux donne 5.

Multipliant 2 droits par 5 on a 10 droits ou 900° pour la somme cherchée.

328. Calculer la valeur d'un des angles d'un polygone régulier de 15 côtés.

La valeur totale des 15 angles est $2^{dr} \times (15 - 2)$ ou 2×13 ou 26 droits ou 2340°.

Ces 15 angles étant égaux, puisque le polygone est régulier, chaque angle vaut $\dfrac{2340°}{15} = 156°$.

329. Quelle est la valeur des 4 angles d'un quadrilatère, sachant que ces 4 angles sont entre eux comme les nombres 1, 2, 3, 4 ?

La valeur totale des 4 angles est $2^{dr} \times (4 - 2)$ ou $2^{dr} \times 2$ ou 4 droits ou 360°. Il suffit donc de partager 360° en parties proportionnelles aux nombres 1, 2, 3, 4. D'après le n° **232** on trouve : A $= 36°$; B $= 72°$; C $= 108°$; D $= 144°$.

MESURE DE LA CIRCONFÉRENCE DES ARCS, DES CORDES.

330. On trouve la longueur d'une circonférence en multipliant son diamètre par un nombre que l'on représente par la lettre grecque п (prononcez *pi*), et dont la valeur approché est п $= 3,1416$ (1). En représentant par C la longueur d'une circonférence, et par R son rayon, on a donc C $= 2$ R $\times$ п ou C $= 2$ п R.

331. *Applications*. Quelle est la longueur d'une circonférence dont le rayon à 17^{m} ?

On a C $= 2$ п R $= 2 \times 3,1416 \times 17 = 106^{m}, 8144$.

(Ce résultat est un peu trop fort parce que le nombre 3,1416 est lui-même un peu trop fort.)

L'erreur en plus est ici de 3 dix-millimètres.

332. Une circonférence a $106^{m}, 8144$, quel est son rayon ? De la formule C $= 2$ п R on tire l'inconnue R (n° **256**).

$$R = \frac{C}{2\,п} = \frac{106,8144}{2 \times 3,1416} = 17 \text{ mètres.}$$

---

(1) Voici une valeur plus exacte de п : п $= 3,14159265358597\ldots$ mais dans les applications ordinaires on n'a pas besoin de toutes ces décimales.

Archimède avait trouvé п $= \dfrac{22}{7} = 3, 1428\ldots$ Erreur à la 3e décimale.

Adrien Métius avait trouvé п $= \dfrac{355}{113} = 3,141592920\ldots\ldots$ Erreur à la 7e décimale.

333. Quelle est la longueur A d'un arc correspondant à un angle O dans une circonférence de rayon R ?

Ce problème revient au suivant : La circonférence $2\pi R$ correspond à 360°; quel est l'arc A qui correspond à un angle O° ?

$$360° \ldots 2\pi R$$
$$O° \ldots A$$
Règle de trois simple.

$$\text{On trouve} : A = \frac{2\pi R \times O°}{360°}$$

334. *Applications.* Trouver la longueur A d'un arc correspondant à un angle de 42° pris sur une circonférence de 17^m de rayon.

Dans la formule $A = \dfrac{2\pi R \times O}{360}$, remplaçons les lettres par les nombres qu'elles représentent, on aura :

$$A = \frac{2\pi R \times O}{360} = \frac{2 \times 3,1416 \times 42}{360} = \frac{4486,2048}{360} =$$
$$12^m,46168$$

335. Sur une circonférence de 17^m de rayon, on prend un arc de 12^m, 46168 ; à quel angle correspond cet arc ?

Ici l'angle O étant inconnu, isolons O (n° **262**).

La formule $A = \dfrac{2\pi R \times O}{360}$ devient $O = \dfrac{A \times 360}{2\pi R}$ (n° **258**).

Remplaçons les lettres par les nombres, on aura :

$$O = \frac{A \times 360}{2\pi R} = \frac{12,46168 \times 360}{2 \times 3,1416 \times 17} = \frac{4486,2048}{106,8144} = 42°.$$

336. Quel est le rayon d'un circonférence sur laquelle un arc de 12^m, 46168 correspond à un angle de 42° ?

Ici le rayon R étant inconnu, isolons R (n° **262**).

La formule $A = \dfrac{2\,\pi\,R \times O}{360}$ devient $R = \dfrac{A \times 360}{2\,\pi \times O}$

Remplaçons les lettres par les nombres, on aura :

$$R = \frac{A \times 360}{2\,\pi \times O} = \frac{12{,}46168 \times 360}{2 \times 3{,}1416 \times 42} = 17 \text{ mètres.}$$

337. Trouver la longueur d'une corde correspondant à un angle donné. (V. le tableau des pages **132** et **133**).

Si le rayon du cercle a 1 mètre, il suffit de consulter la *Table des cordes*. Ainsi la corde qui sous-tend un arc de 19° a 0ᵐ, 3301 ; la corde qui sous-tend un arc de 115° a 1ᵐ, 6868.

338. Si le rayon du cercle est différent de 1ᵐ, on multiplie les nombres de la table par le rayon.

Exemple : Quelle est la longueur de la corde qui sous-tend un arc de 115° dans un cercle dont le rayon a 11 mètres?

A côté de 115° on trouve dans la table 1, 6868. Multipliant 1, 6868 par 11, on a 18ᵐ, 5548?

339. Réciproquement. Quel est le rayon d'un cercle dans lequel une corde de 115° a 18ᵐ, 5548 ?

On divise 18, 5548 par 1, 6868 (nombre donné par la table) et l'on trouve 11.

340. Quelle est la longueur du côté de l'octogone régulier inscrit dans un cercle de 9ᵐ, 27 de rayon?

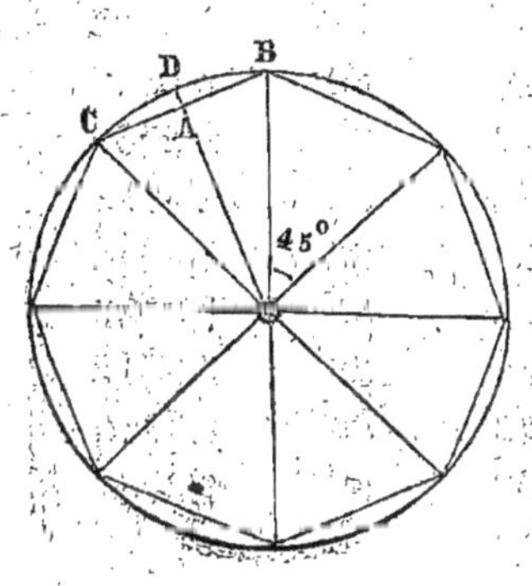

Les 8 angles en O valent 4 droits ou 360°.

Donc un de ces angles vaut $\dfrac{360}{8}$ ou 45°.

La question revient à celle-ci : Quelle est la longueur de la corde qui sous-tend un arc de 45 dans un cercle dont le rayon a 9ᵐ, 27 ?

D.	VALEUR de la corde.	D.	VALEUR de la corde.	D.	VALEUR de la corde.
1	0,0175	30	0,5176	59	0,9848
2	0,0349	31	0,5345	60	1,0000
3	0,0523	32	0,5513	61	1,0151
4	0,0698	33	0,5680	62	1,0301
5	0,0872	34	0,5847	63	1,0450
6	0,1047	35	0,6014	64	1,0598
7	0,1221	36	0,6180	65	1,0746
8	0,1395	37	0,6346	66	1,0893
9	0,1569	38	0,6511	67	1,1039
10	0,1743	39	0,6676	68	1,1184
11	0,1917	40	0,6840	69	1,1328
12	0,2091	41	0,7004	70	1,1472
13	0,2264	42	0,7167	71	1,1614
14	0,2437	43	0,7330	72	1,1756
15	0,2611	44	0,7492	73	1,1896
16	0,2783	45	0,7654	74	1,2036
17	0,2956	46	0,7815	75	1,2175
18	0,3129	47	0,7975	76	1,2313
19	0,3301	48	0,8135	77	1,2450
20	0,3473	49	0,8294	78	1,2586
21	0,3645	50	0,8452	79	1,2722
22	0,3816	51	0,8610	80	1,2856
23	0,3987	52	0,8767	81	1,2989
24	0,4158	53	0,8924	82	1,3121
25	0,4329	54	0,9080	83	1,3252
26	0,4499	55	0,9235	84	1,3383
27	0,4669	56	0,9389	85	1,3512
28	0,4838	57	0,9543	86	1,3640
29	0,5008	58	0,9696	87	1,3767

D.	VALEUR de la corde.	D.	VALEUR de la corde.	D.	VALEUR de la corde.
88	1,3893	119	1,7233	150	1,9318
89	1,4018	120	1,7320	151	1,9363
90	1,4142	121	1,7407	152	1,9406
91	1,4265	122	1,7492	153	1,9447
92	1,4387	123	1,7576	154	1,9487
93	1,4507	124	1,7659	155	1,9526
94	1,4627	125	1,7740	156	1,9563
95	1,4745	126	1,7820	157	1,9598
96	1,4863	127	1,7899	158	1,9632
97	1,4980	128	1,7976	159	1,9665
98	1,5094	129	1,8052	160	1,9696
99	1,5208	130	1,8126	161	1,9726
100	1,5321	131	1,8199	162	1,9754
101	1,5432	132	1,8271	163	1,9780
102	1,5543	133	1,8341	164	1,9805
103	1,5652	134	1,8410	165	1,9829
104	1,5760	135	1,8478	166	1,9851
105	1,5867	136	1,8544	167	1,9871
106	1,5973	137	1,8608	168	1,9890
107	1,6077	138	1,8672	169	1,9908
108	1,6180	139	1,8733	170	1,9924
109	1,6282	140	1,8794	171	1,9938
110	1,6383	141	1,8853	172	1,9951
111	1,6482	142	1,8910	173	1,9963
112	1,6581	143	1,8966	174	1,9973
113	1,6678	144	1,9021	175	1,9981
114	1,6773	145	1,9074	176	1,9988
115	1,6868	146	1,9126	177	1,9993
116	1,6961	147	1,9176	178	1,9997
117	1,7053	148	1,9225	179	1,9999
118	1,7143	149	1,9273	180	2,0000

Multipliant 0,7654 (nombre donné par la table en face de 45°) par 9,27 on trouve : 7^m, 095238.

341. Quelle est la longueur du côté du dodécagone régulier inscrit dans un cercle de 5^m, 31 de rayon ?

Les 12 angles en O valent 4 droits ou 360°; donc un de ces angles vaut $\dfrac{360}{12} = 30°$.

La question revient à celle-ci : Quelle est la longueur de la corde qui sous-tend un arc de 30° dans un cercle dont le rayon a 5^m, 31?

Multipliant 0, 5176 (nombre donné par la table en face de 30°) par 5^m, 31 on trouve 2^m, 748456.

Par un raisonnement analogue on trouverait le côté d'un autre polygone régulier.

MESURE DES SURFACES

RECTANGLE.

342. Les *dimensions* d'un rectangle sont sa base B et sa hauteur H.

Deux côtés adjacents d'un rectangle s'appellent l'un la base du rectangle et l'autre sa hauteur.

343. La surface d'un rectangle est égale au produit de sa base par sa hauteur (1).

Si l'on représente par S la surface, par B la base, et par H la hauteur on a : $S = B \times H$.

---

(1) Cet énoncé signifie qu'en multipliant entre eux les deux nombres qui représentent la base et la hauteur, on obtient le même nombre qu'en cherchant directement combien de fois le rectangle contient l'unité de surface (n· **307**).

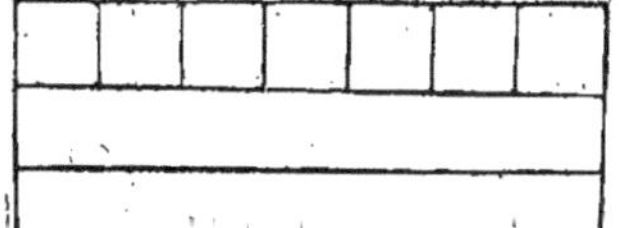

Prenons pour unité de surface le mètre quarré, et supposons que la base du rectangle ait 5 mètres et la hauteur 3 mètres.

On peut partager ce rectangle en trois bandes horizontales, et porter 5 fois le mètre quarré dans chaque bande. Notre rectangle contient donc 5×3 ou 15 mètres quarrés (mesure directe).

Or, on obtient le même nombre 15 en multipliant entre eux les nombres 5 et 3 qui représentent la base et la hauteur (mesure indirecte).

La mesure de la surface est donc remplacée par la mesure de deux lignes. C'est pourquoi ces lignes s'appellent *dimensions*. Cette explication doit être étendue aux énoncés suivants.

344. *Applications.* Trouver la surface d'un rectangle dont la base a 5^m, 34 et la hauteur 7^m, 23.

On a : S $=$ B $\times$ H $=$ 5, 34 $\times$ 7, 23 $=$ 38, 6082.

Ce résultat s'énonce : 38 mètres quarrés, 60 décimètres quarrés, 82 centimètres quarrés.

345. Quelle est la hauteur d'un rectangle dont la surface a 38$^{m. q.}$, 6082, et la base 5^m, 34?

Dans la formule S $=$ B $\times$ H, H étant inconnu, isolons H. (n° **262**).

On a (n° **256**) H $= \dfrac{S}{B} = \dfrac{38, 6082}{5, 34} = 7, 23.$

346. Si la base était inconnue, on la trouverait par la formule B $= \dfrac{S}{H}$

347. Les deux dimensions d'un premier rectangle sont : 5, 34 et 7, 23; la base d'un second rectangle est 9^m, quelle doit être sa hauteur pour que ces deux rectangles soient *équivalents*, c'est-à-dire aient des surfaces égales?

Pour le premier rectangle on a : S $=$ B $\times$ H.

Pour le second rectangle on a : S' $=$ B' $\times$ H'.

On doit donc avoir : B' $\times$ H' $=$ B $\times$ H.

D'où (n° **256**) H' $= \dfrac{B \times H}{B'} = \dfrac{5, 34 \times 7, 23}{9} = \dfrac{38, 6082}{9}$

$= 4^m, 2898.$

QUARRÉ.

348. Un quarré étant un rectangle dont la base égale la hauteur, la formule S $=$ B $\times$ H devient pour le quarré : S $=$ A $\times$ A $=$ A^2. (A représentant le côté du quarré.)

349. *Applications.* Trouver la surface d'un quarré dont le côté a 10^m. On a : S $=$ A^2 $=$ 10^2 $=$ 100 mètres q.

(On a vu que l'are vaut 100 mètres quarrés.)

350. Trouver le côté d'un quarré équivalant à un rectangle dont les dimensions sont : 18^m et 8^m.

La surface du quarré étant A^2, et celle du rectangle étant B $\times$ H, on doit avoir A^2 = B $\times$ H = 18 $\times$ 8 = 144.

D'où A = $\sqrt{144}$ = 12^m (n° **260**).

351. Un rectangle a 18^m de base; quelle doit être sa hauteur pour qu'il soit équivalent à un quarré dont le côté a 12.

De la formule A^2 = B $\times$ H on tire l'inconnue (n° **256**).

$$H = \frac{A^2}{B} = \frac{144}{18} = 8^m.$$

PARALLÉLOGRAMME.

352. Les dimensions d'un parallélogramme sont sa base B

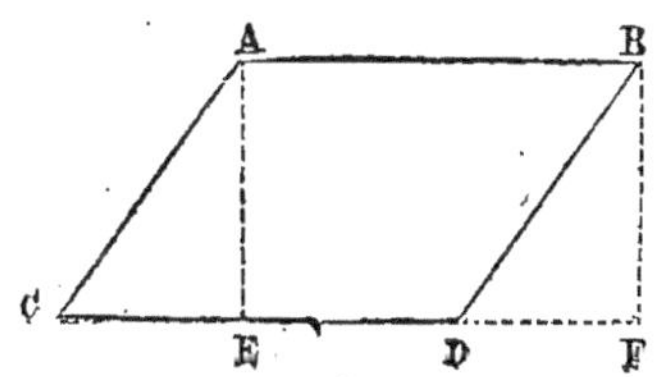

et sa hauteur H. On appelle *hauteur* d'un parallélogramme la perpendiculaire AE qui mesure la distance de deux côtés opposés AB, CD, considérés comme *bases*.

353. La surface d'un parallélogramme est égale au produit de sa base par sa hauteur.

En effet, les deux triangles CAE, BDF étant égaux, le parallélogramme CABD est équivalent au rectangle EABF ayant même base et même hauteur. Donc le parallélogramme a même mesure que le rectangle S = B $\times$ H.

354. Deux parallélogrammes ayant même base et même hauteur sont équivalents, bien que leur forme puisse être différente. Tels sont les deux parallélogrammes ABDC, FEDC.

8.

Les problèmes traités aux chapitres du rectangle et du quarré peuvent s'appliquer au parallélogramme.

TRIANGLE.

355. Les dimensions d'un triangle sont sa base B et sa hauteur H.

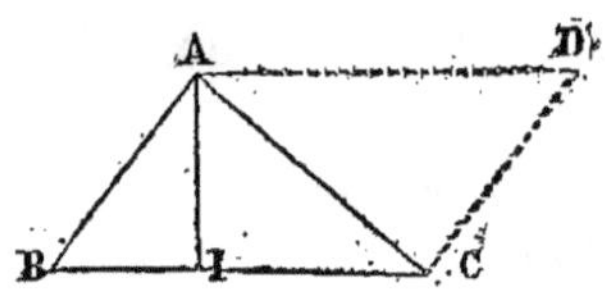

On appelle *hauteur* d'un triangle une perpendiculaire AI ou AH abaissée de l'un des trois sommets sur le côté opposé BC considéré comme *base*. Quelquefois la hauteur tombe en dehors du triangle. *Ex.*: AH.

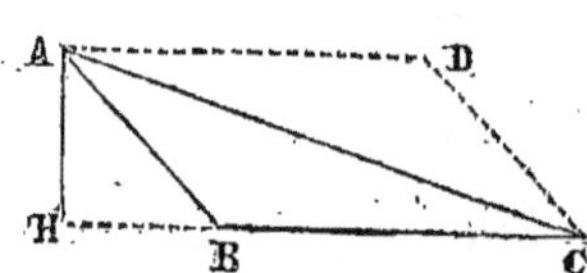

356. La surface d'un triangle est égale à la moitié du produit de sa base par sa hauteur (1).

On a donc : $S = \dfrac{B \times H}{2}$ ou $S = \dfrac{B}{2} \times H$ ou $S = B \times \dfrac{H}{2}$.

357. *Applications.* Trouver la surface d'un triangle dont la base est 0^m, 27 et la hauteur 0^m, 14.

On a $S = \dfrac{B \times H}{2} = \dfrac{0,27 \times 0,14}{2} = 0^{m.\,q.}, 0189$

ou 189 centim. q.

358. Trouver la base d'un triangle dont la surface est 0$^{m.\,q.}$, 0189 et la hauteur 0,14.

De la formule $S = \dfrac{B \times H}{2}$ on tire (n° **256**);

$2S = B \times H$, d'où $B = \dfrac{2\,S}{H} = \dfrac{0,0378}{0,14} = 0^m, 27$.

---

(1) Parce que le triangle ABC est la moitié du parallélogramme ABCD de même base et de même hauteur.

359. Si la hauteur était inconnue, on la trouverait par la formule $H = \dfrac{2S}{B}$

360. Deux triangles ayant même base et même hauteur sont équivalents bien que leur forme puisse être différente. Tels sont les triangles ABC, ABD.

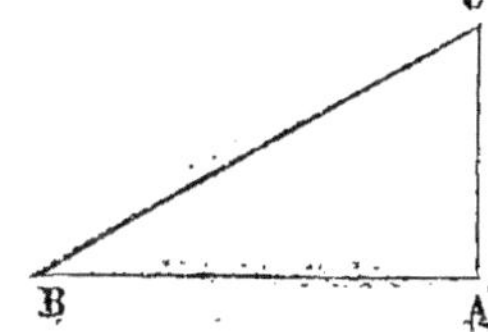

TRIANGLE RECTANGLE.

361. Il y a entre les trois côtés d'un triangle rectangle une relation très-utile dont voici l'énoncé.

Le quarré de l'hypoténuse est la somme des quarrés des deux côtés de l'angle droit. $\overline{BC}^2 = \overline{AB}^2 + \overline{AC}^2$ (1).

362. *Applications.* Quelle est l'hypoténuse d'un triangle rectangle dont les côtés de l'angle droit sont 4^m et 3^m?

On a : $\overline{BC}^2 = \overline{AB}^2 + \overline{AC}^2 = 4^2 + 3^2 = 16 + 9 = 25.$

D'où $BC = \sqrt{25} = 5^m$ (n° **260**).

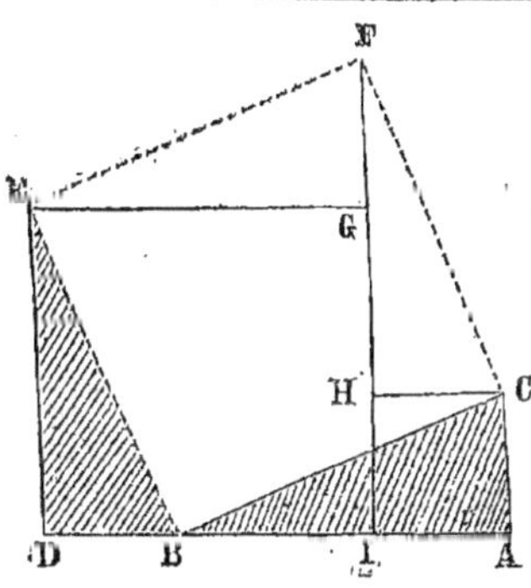

(1) Soit BAC un triangle rectangle, ACHI le quarré construit sur le côté AC et DIGE le quarré construit sur le côté AB transporté en ID.

Si dans l'étoffe de ces deux quarrés on coupe les deux triangles EDB, BAC pour les transporter l'un en EGF l'autre en FHC, on obtiendra ainsi le quarré EBCF qui est précisément le quarré de l'hypoténuse BC.

363. Trouver l'un des côtés de l'angle droit, sachant que l'autre côté a 4^m et l'hypoténuse 5^m.

De la formule $\overline{BC}^2 = \overline{AB}^2 + \overline{AC}^2$ on tire l'inconnu $\overline{AC}^2$ (n° **254**).

$$\overline{AC}^2 = \overline{BC}^2 - \overline{AB}^2 = 5^2 - 4^2 = 25 - 16 = 9.$$

D'où $AC = \sqrt{9} = 3.$

TRAPÈZE.

364. Les dimensions du trapèze sont ses bases B et b, et sa hauteur H.

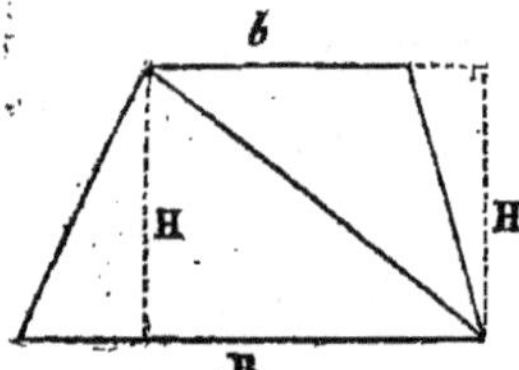

365. Les deux côtés parallèles sont les *bases* du trapèze. La *hauteur* est la perpendiculaire qui mesure la distance des deux bases.

La surface d'un trapèze est égale à la demi-somme des bases multipliée par la hauteur. $S = \dfrac{B + b}{2} \times H$ (1).

366. *Applications.* Trouver la surface d'un trapèze sachant que la grande base a 19^m, 45 ; la petite base 12^m, 29 et la hauteur 10^m, 33.

On a $S = \dfrac{B + b}{2} \times H = \dfrac{19,45 + 12,29}{2} \times 10,33 =$

$\dfrac{31,74}{2} \times 10,33 = 15,87 \times 10,33 = 163^{m\cdot q\cdot}, 9371.$

367. Trouver la hauteur d'un trapèze dont la surface est 163$^{m\cdot q\cdot}$ 9371 et les deux bases : 19, 45 et 12, 29.

De la formule $S = \dfrac{B + b}{2} \times H$ on tire l'inconnue H (n° **258**).

---

(1) En effet, en menant une diagonale, on décompose le trapèze en deux triangles ayant pour mesure : l'un $\dfrac{B}{2} \times H$ et l'autre $\dfrac{b}{2} \times H$.

$$H = \frac{2\,S}{B + b} = \frac{2 \times 163,9371}{19,45 + 12,29} = \frac{327,8742}{31,74} = 10^m, 33.$$

368. Trouver la petite base d'un trapèze dont la surface est 163$^{m.q.}$, 9371 ; la grande base 19^m, 46 et la hauteur 10^m, 33.

De la formule $S = \dfrac{B + b}{2} \times H$ on tire (n° **257**).

$$2\,S = (B + b) \times H.$$

D'où $B + b = \dfrac{2\,S}{H} = \dfrac{327,8742}{10,33} = 31,74.$

Donc $b = 31,74 - 19,45 = 12,29$ (n° **254**.)

369. On trouverait de même la grande base.

<hr>

POLYGONE QUELCONQUE.

370. Pour trouver la surface d'un polygone quelconque,

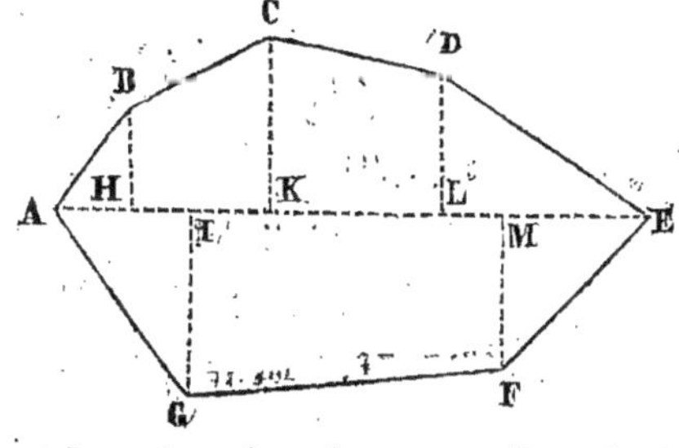

on peut mener une diagonale AE joignant deux sommets opposés ; puis abaissant des autres sommets des perpendiculaires sur cette diagonale, on décompose le polygone proposé en triangles rectangles et en trapèzes que l'on évalue d'après les règles précédentes.

<hr>

POLYGONE RÉGULIER.

371. Les dimensions d'un polygone régulier sont son *périmètre* et son *apothème.*

On appelle *périmètre* d'un polygone la somme de tous ses côtés.

372. On appelle *apothème* d'un polygone régulier la perpendiculaire OA abaissée du centre du polygone sur un côté quelconque. (Voir la *Fig.* du n° **340**).

Pour trouver la longueur d'un apothème, on remarque que le triangle OAB étant rectangle, on a (n° **363**)

$$\overline{OA}^2 = \overline{OB}^2 - \overline{AB}^2.$$ (AB étant la moitié du côté CB).

373. *Application.* Trouver l'apothème d'un octogone régulier inscrit dans un cercle dont le rayon a 9ᵐ 27.

On a trouvé (n° **340**) CB = 7ᵐ, 095 dont la moitié est 3ᵐ, 548.

En remplaçant les lettres par les nombres on a :

$$\overline{OA}^2 = \overline{OB}^2 - \overline{AB}^2 \text{ ou } \overline{OA}^2 = (9, 27)^2 - (3,548)^2$$
$$\text{ou } \overline{OA}^2 = 85, 9329 - 12,5883 = 73, 3446.$$

D'où OA = $\sqrt{73, 3446}$ = 8ᵐ, 56. (n₀ **260**).

On trouverait d'une manière analogue l'apothème d'un autre polygone régulier.

374. On obtiendrait la longueur de la flèche AD en retranchant l'apothème OA du rayon OD.

---

375. La surface d'un polygone régulier est égale à son périmètre P, multiplié par la moitié de son apothème A. (1).

---

(1) En menant des rayons à tous les sommets du polygone, on le décompose en triangles isocèles égaux entre eux.

Représentons par C l'un des côtés du polygone, on a pour la mesure de l'un des triangles (n° **356**). $C \times \dfrac{A}{2}$ (A représentant l'apothème). Multipliant par 8, si le polygone a 8 cotés, on aura pour sa mesure : $8\,C \times \dfrac{A}{2} = P \times \dfrac{A}{2}$ (P = 8 C).

On a donc $S = P \times \dfrac{A}{2}$ ou $S = \dfrac{P \times A}{2}$

376. *Application*. Trouver la surface d'un octogone régulier inscrit dans un cercle de 9ᵐ, 27 de rayon.

On a vu (n° **340**) que le côté de cet octogone régulier est 7ᵐ, 095 ; donc le périmètre P se composant de 8 côtés égaux à 7ᵐ, 095 est égal à 8 fois 7ᵐ, 095 ou 56ᵐ, 760.

On a vu (n° **373**) que l'apothème de cet octogone est 8ᵐ,56.

On a donc : $S = \dfrac{P \times A}{2} = \dfrac{56,760 \times 8,56}{2} = 242^{mq}, 9328.$

On calculerait d'une manière analogue la surface d'un autre polygone régulier.

SURFACE DU CERCLE.

377. La surface d'un cercle est égale à sa circonférence multipliée par la moitié du rayon (1).

On a donc : $S = \text{Circonférence} \times \dfrac{R}{2} = 2\pi R \times \dfrac{R}{2}$ (n° **330**).

ou $S = \pi R^2$ (en négligeant 2 qui se trouve comme multiplicateur et comme diviseur).

378. *Application* : Quelle est la surface d'un cercle dont le rayon a 1ᵐ, 15.

On a : $S = \pi R^2 = 3,1416 \times (1,15)^2 = 3,1416 \times 1,3225 = 4,154766.$

379 *Réciproquement*. Quel est le rayon d'un cercle dont la surface est 4 ᵐq, 154766.

---

(1). On vien t de voir que la surface d'un polygone régulier est égale à son périmètre multiplié par la moitié de l'apothème. Cet énoncé étant vrai quel que soit le nombre des côtés, est vrai encore pour le cercle dont le périmètre est la circonférence, et dont l'apothème est le rayon.

— 144 —

De la formule $S = \Pi R^2$ on tire (n° **256**) $R^2 = \dfrac{S}{\Pi} = \dfrac{4,514766}{3,1416}$

$= 1,3225$. D'où (n° **260**) $R = \sqrt{1,3225} = 1^m, 15$.

380. Quelle est la surface S' d'un secteur correspondant à un angle O dans un cercle de rayon R ?

Cette question est analogue à celle du (n° **333**).

Le cercle entier ΠR^2 correspond à un angle de 360° ; quel est le secteur qui correspond à un angle O ?

$$\left. \begin{array}{l} 360° \ . \ . \ . \ \Pi R^2 \\ O° \ . \ . \ . \ . \ S' \end{array} \right\} \text{Règle de trois simple.}$$

On trouve : $S' = \dfrac{\Pi R^2 \times O}{360}$

381. *Applications.* Trouver la surface d'un secteur correspondant à un angle de 42° dans un cercle de $1^m, 15$ de rayon.

On a : $S = \dfrac{\Pi R^2 \times O}{360} = \dfrac{4^m, 154766 \times 42}{360} = 0,4847227$.

382. Trouver la surface d'un segment DEF (Voyez la figure du n° **302**).

Si l'on mène les rayons CD, CF, on voit que le segment DEF est égal au secteur CDEF moins le triangle CDF.

On calculera la surface du secteur CDEF comme au n° **381**).

Pour calculer la surface du triangle CDF, on multipliera la corde DF (n° **338**) par la moitié de l'apothème (n° **373**).

En retranchant la surface du triangle de la surface du secteur, on obtiendra la surface du segment.

383. Trouver la surface d'un cercle dont on connaît la circonférence.

On se sert de la formule $S = \dfrac{C^2}{4\Pi}$, S représentant la surface inconnue, et C la circonférence connue.

384. Quelle est la surface S d'un cercle dont la circonférence est 53 mètres ?

On a : $S = \dfrac{C^2}{4\,\pi} = \dfrac{53 \times 53}{4 \times 3,1416} = \dfrac{2809}{12,5664} = 223^{m.\,q.}, 53.$

385. Trouver la circonférence d'un cercle dont on connaît la surface ?

On se sert de la formule $C = \sqrt{4\,\pi\,S}.$

386. Quelle est la circonférence d'un cercle de 25 mètres quarrés ?

On a : $C = \sqrt{4\,\pi \times S} = \sqrt{4 \times 3,1416 \times 25} = \sqrt{314,16}$
$= 17^m, 7.$

---

387. L'*ellipse* est une courbe telle que la somme des distances de chacun de ses points à deux points fixes nommés *foyers* est constante.

Pour tracer une ellipse, on attache aux deux foyers F et

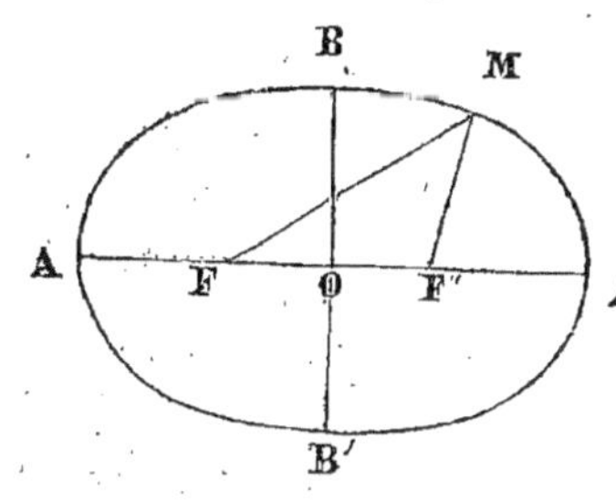

F' les deux extrémités d'un fil ; puis on appuie sur le fil un crayon M qu'on fait mouvoir en tenant le fil constamment tendu. Le crayon décrit l'ellipse.

La ligne AA' qui passe par les foyers est le *grand axe*.

La ligne BB' perpendiculaire au milieu de AA' est le *petit axe.*

388. En représentant par *a* le demi-grand axe, et par *b* le demi petit axe, la surface de l'ellipse s'obtient par la formule $S = \pi \times a \times b.$

389. *Application* : OA $= 7^m, 20$; OB $= 5,31$; quelle est la surface de cette ellipse ?

On a :

$$S = \pi \times a \times b = 3{,}1416 \times 7{,}20 \times 5{,}31 = 120^{\text{m.q.}}, 1096.$$

POLYGONES SEMBLABLES.

390. Deux polygones sont dits *semblables*, lorsqu'ils ont leurs angles égaux chacun à chacun et que leurs côtés *homologues* sont dans le même rapport.

On entend par côtés homologues ceux qui sont adjacents aux angles égaux.

Ainsi les deux polygones ABCDE, *abcde* sont semblables,

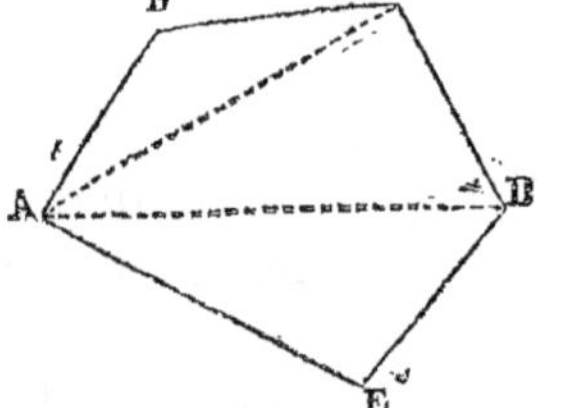 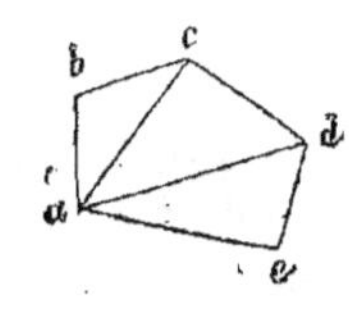

si on a :

l'angle A $= a$,
l'angle B $= b$,
l'angle C $= c$, &
et si les rapports

$$\frac{AB}{a\,b}, \frac{BC}{b\,c}, \frac{CD}{c\,d}, \text{ etc., sont égaux.}$$

391. En supposant que ABCDE soit un terrain, *abcde* le dessin ou le *plan* de ce terrain, le rapport constant des côtés homologues est ce qu'on appelle *l'échelle du plan.*

Si AB est 10 fois *ab* ; BC, 10 fois *bc*, etc., l'échelle du plan est 0,1.

Si AB est 100 fois *ab* ; BC, 100 fois *bc*, etc., l'échelle du plan est 0,01.

392. Le rapport de périmètres des deux polygones semblables est égal au rapport de deux côtés homologues quelconques. Il est clair en effet, que si tous les côtés du premier polygone sont 10 fois plus grands que les côtés homologues du second, le périmètre du premier polygone est 10 fois plus grand que le périmètre du second (V. n° **478**).

393. Considérons les trois triangles semblables ABC, ADE, AFG, et supposons que AD soit double de AB, et AF triple de AB ; en menant les parallèles indiquées, on forme des triangles tous égaux à ABC.

Or on voit par cette figure que :

AD étant 2 fois AB, le triangle ADE est 4 fois ABC $(4 = 2^2)$.

AF étant 3 fois AB, le triangle AFG est 9 fois ABC $(9 = 3^2)$.

AD étant les $\frac{2}{3}$ de AF, le triangle ADE est les $\frac{4}{9}$ de AFG $\left(\frac{4}{9} = \frac{2^2}{3^2}\right)$.

394. D'où l'on conclut que le rapport des surfaces de deux triangles semblables est égal au carré du rapport de deux côtés homologues.

Cet énoncé est vrai aussi pour deux polygones semblables (voir la figure du n° **390**), car deux polygones semblables sont décomposables en un même nombre de triangles semblables et semblablement disposés.

395. Si *abcde* est le plan du terrain ABCDE à l'échelle de 0,1, la surface du plan *abcde* est le centième de la surface du terrain ABCDE $(10^2 = 100)$.

VOLUMES

DÉFINITIONS.

396. Une ligne droite est perpendiculaire à un plan quand elle est perpendiculaire à toutes les droites qui passent par son pied dans le plan.

397. Deux plans sont parallèles quand ils ne peuvent se rencontrer à quelque distance qu'on les suppose prolongés. *Exemple* : le plafond et le parquet d'une salle.

398. On appelle *polyèdre* un solide limité par des faces planes (*V.* les figures ci-dessous). L'intersection de deux faces est une droite que l'on nomme *arête*.

On appelle *tétraèdre*, un polyèdre ayant 4 faces; *hexaèdre* celui qui a 6 faces; *octaèdre* celui qui a 8 faces; *dodécaèdre* celui qui a 12 faces; *icosaèdre* celui qui a 20 faces.

399. Un *prisme* est un solide terminé par des parallélogrammes limités eux-mêmes par des polygones égaux et parallèles : ces polygones sont les *bases* du prisme; les parallélogrammes forment la *surface latérale* du prisme.

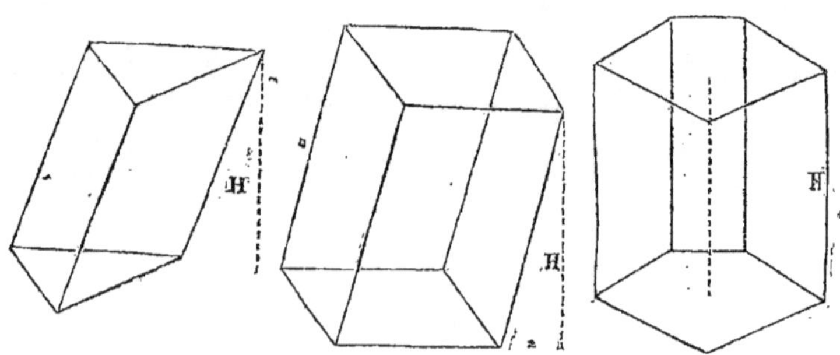

1 Prisme triangulaire.　　2 Prisme quadrangulaire.　　3 Prisme pentagonal.

Un prisme est dit triangulaire, quadrangulaire, pentagonal, hexagonal, etc..., suivant que ses deux bases sont des triangles, des quadrilatères, des pentagones, des hexagones, etc...

400. La *hauteur* d'un prisme est la perpendiculaire qui mesure la distance de ses deux bases (*V.* la ligne H dans les *fig.* 1, 2, 3).

Un prisme est *droit* quand les arêtes de la surface latérale sont perpendiculaires aux bases (*fig.* 3), alors chaque arête est égale à la hauteur. Quand cette condition n'est pas remplie, le prisme est dit *oblique* (*fig.* 1 et *fig.* 2).

401. Un *parallélipipède* est un prisme dont la base est un parallélogramme (*fig.* 2). Les 6 faces sont donc des parallélogrammes, et deux faces opposées quelconques sont des parallélogrammes égaux et parallèles.

402. Le *parallélipipède rectangle* a pour base un rectangle ; les 6 faces sont des rectangles.

403. Parmi les parallélipipèdes rectangles on distingue le cube dont les 6 faces sont des quarrés égaux.

PRISME.

404. Les dimensions d'un prisme sont sa base B et sa hauteur H. Le volume d'un prisme est égal au produit de sa base par sa hauteur. Si l'on représente par V le volume, on a : $V = B \times H$.

La base B étant un triangle ou un quadrilatère ou un polygone quelconque se mesure d'après les n^os **342** à **377**.

405. *Applications*: Trouver le volume du prisme triangulaire de la *fig.* 1 sachant que sa base a 3^m·4,7 et sa hauteur 5^m, 12. On a V $=$ B $\times$ H $=$ 3,7 $\times$ 5,12 $=$ 18$^{m.\,c.}$, 944 ou 18 mètres cubes, 944 décimètres cubes.

406. Quelle est la base d'un prisme dont le volume est 18,944 et la hauteur 5^m, 12?

Dans la formule V $=$ B $\times$ H, B étant inconnue, isolons B (n° **262**).

On a : (n° **256**) B $= \dfrac{V}{H} = \dfrac{18,944}{5,12} = 3,7 = 3$ mètres quarrés, 70 décimètres quarrés.

On trouverait H par la formule H $= \dfrac{V}{B}$

407. Trouver la surface latérale d'un prisme.

Cette surface se composant de parallélogrammes, on pourra les évaluer d'après le n° **353**.

408. La base d'un cube étant un quarré A^2, et sa hauteur A, le volume d'un cube $=$ A^3.

CYLINDRE.

409. Un *cylindre* est le solide produit par la révolution d'un rectangle ABCD tournant autour du côté immobile AB.

Les deux côtés AC, BD décrivent deux cercles qui sont les *bases* du cylindre. Le côté immobile AB est l'*axe* ou la *hauteur* du cylindre.

Le côté CD décrit la *surface latérale* du cylindre.

On peut considérer le cylindre comme un prisme arrondi.

410. Le volume du cylindre est égal au produit de sa base par sa hauteur ; si l'on représente par V le volume, par π R^2 la base (n° **377**) et par H la hauteur, on a : V $= \pi$ R$^2 \times$ H.

411. *Applications.* Trouver le volume d'un cylindre, sachant que le rayon de sa base a 1^m, 15 et que sa hauteur a 7 mètres.

On a : $V = \pi R^2 \times H = 3,1416 \times (1,15)^2 \times 7 = 4,154766 \times 7 = 29,083362 = 29$ mètres cubes, 83 décim. c., 362 centim. c.

412. Trouver la hauteur d'un cylindre dont le volume est 29,083362, et le rayon de la base 1^m 15.

Dans la formule $V = \pi R^2 \times H$, isolons l'inconnue H.

On a : (n° **256**) $H = \dfrac{V}{\pi R^2} = \dfrac{29,083362}{4,154766} = 7$ mètres.

413. Trouver le rayon de la base d'un cylindre dont le volume est 29,083362 et la hauteur 7^m.

Dans la formule $V = \pi R^2 \times H$, isolons l'inconnue R^2.

On a : (n° **256**) $R^2 = \dfrac{V}{\pi \times H} = \dfrac{29,083362}{3,1416 \times 7} = 1,3225.$

d'où $R = \sqrt{1,3225} = 1^m,15.$

414. La surface latérale du cylindre est égale au produit de la circonférence de la base par la hauteur. Si l'on représente par S la surface latérale, par R le rayon de la base et par H la hauteur, on a : $S = 2\pi R \times H$ (n° **330**).

415. *Applications.* Trouver la surface latérale d'un cylindre dont la hauteur est 5^m et dont la base a 17^m de rayon.

On a : $S = 2\pi R \times H = 2 \times 3,1416 \times 17 \times 5 = 106^m,8144 \times 5 = 534,072 = 534^m$ q. 7 décim. q., 20 centim. q.

416. Trouver le rayon de la base d'un cylindre dont la surface latérale est 534,072 et la hauteur 5^m.

Dans la formule $S = 2 \Pi R \times H$, isolons l'inconnue R.

On a : **(256)** $R = \dfrac{S}{2 \Pi \times H} = \dfrac{534,072}{2 \times 3,1416 \times 5} = 17^m.$

PYRAMIDE.

417. Une *pyramide* est un solide formé en joignant tous les sommets d'un polygone à un point pris hors du plan de ce polygone.

Le polygone est la *base* de la pyramide; le point pris hors du polygone est le *sommet* de la pyramide.

La hauteur de la pyramide est la perpendiculaire H abaissée du sommet sur la base.

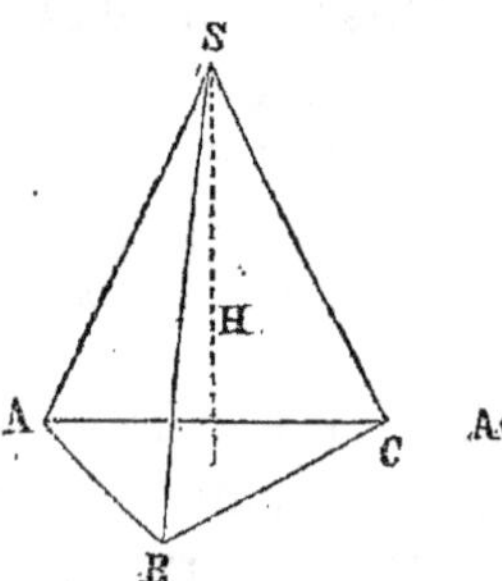
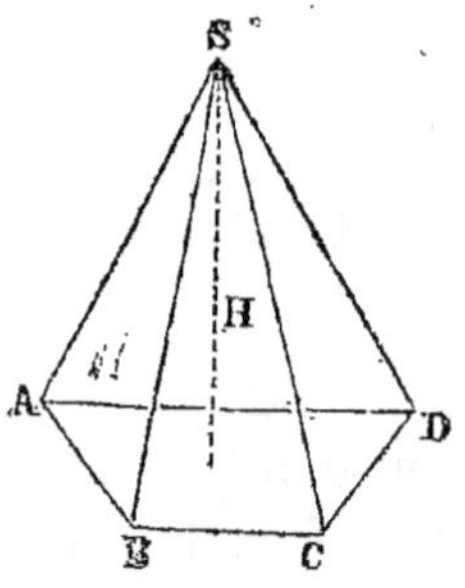
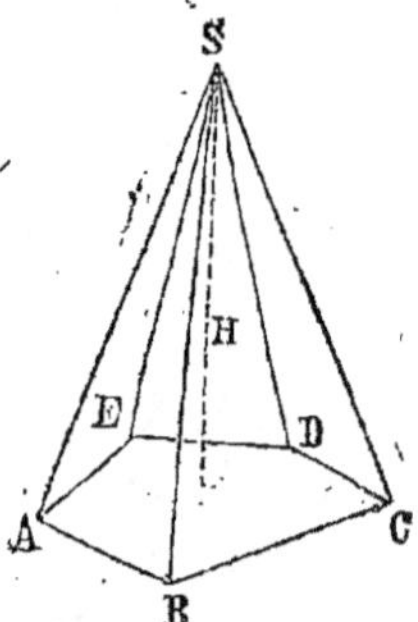

Pyr. triangulaire.   Pyr. quadrangulaire.   Pyr. pentagonale.

Une pyramide est triangulaire, quadrangulaire, pentagonale, hexagonale, etc..., suivant que sa base est un triangle un quadrilatère, un pentagone, un hexagone, etc...

Les triangles SAB, SBC, SAC..., concourant au sommet S forment la *surface latérale* de la pyramide.

418. Le volume d'une pyramide est égal au tiers du produit de sa base par la hauteur.

On a donc $V = \dfrac{B \times H}{3}$ ou $B \times \dfrac{H}{3}$ ou $\dfrac{B}{3} \times H.$

La base B étant un triangle ou un quadrilatère ou un polygone quelconque se mesure d'après les n⁰ˢ **342** à **377**.

419. *Applications.* Trouver le volume d'une pyramide dont la base a 12ᵐ·ᵅ·ᵖ 6 et la hauteur 5ᵐ,21.

On a : $V = \dfrac{B \times H}{3} = \dfrac{12,6 \times 5,21}{3} = 21^{m.\,c.},882.$

420. Trouver la base d'une pyramide dont le volume est 21,882 et dont la hauteur est 5,21.

Dans la formule $V = \dfrac{B \times H}{3}$ isolons l'inconnu B

On a : (n° **257**) $3 V = BH$ et $B = \dfrac{3 V}{H} = \dfrac{3 \times 21,882}{5,21} = 12^{m},6.$

421. On trouverait de même la hauteur par la formule

$$H = \dfrac{3 V}{B}$$

422. La surface latérale d'une pyramide se composant de triangles, on pourra l'évaluer d'après le n° **356**.

CÔNE.

423. Un *cône* est le solide produit par la révolution d'un triangle rectangle ABC tournant autour du côté immobile AB.

Le côté BC décrit un cercle qui est la *base* du cône ; le côté immobile AB est l'*axe* ou la *hauteur* du cône.

Le côté AC décrit la surface latérale du cône.

On peut considérer le cône comme une pyramide arrondie.

424. Le volume du cône est égal au

9.

tiers du produit de sa base par sa hauteur. Si l'on représente par V le volume, par πR^2 (n° **377**) la base et par H la hauteur, on a :

$$V = \frac{\pi R^2 \times H}{3}.$$

425. *Applications.* Trouver le volume d'un cône sachant que le rayon de la base a 15^m et la hauteur 20^m.

On a : $V = \dfrac{\pi R^2 \times H}{3} = \dfrac{3,1416 \times 15^2 \times 20}{3}$

$= 4712^{m.\,c.}, 400.$

426. Trouver le rayon de la base d'un cône dont le volume est 4712$^{m.\,c.}$, 400 et la hauteur 20^m.

Dans la formule $V = \dfrac{\pi R^2 \times H}{3}$ isolons l'inconnue R^2.

On a (n° **256**) : $R^2 = \dfrac{3\,V}{\pi \times H} = \dfrac{3 \times 4712,4}{3,1416 \times 20} = 225.$

D'où $R = \sqrt{225} = 15$ mètres.

427. On trouverait facilement la hauteur par la formule

$$H = \frac{3\,V}{\pi R^2}.$$

428. La surface latérale du cône est égale à la circonférence de la base multipliée par la moitié de l'arête AC. Si l'on représente par S la surface, par R le rayon de la base et par A l'arête on a (n° **330**) $S = 2\pi R \times \dfrac{A}{2} = \pi R \times A.$

(En négligeant 2 qui se trouve en multiplicateur et en diviseur.)

429. APPLICATIONS. Trouver la surface latérale d'un cône dont l'arête a 0,08 et dont la base a 0,05 de rayon.

On a : $S = \pi R \times A = 3,1416 \times 0,05 \times 0,08 = 0^{mq}, 0125664 = 1$ décim. q., 25 centim. q., 66 millim. q., 40 dix-millim. q.

430. On trouverait l'arête A par la formule $A = \dfrac{S}{\pi \times R}$ (n° **256**).

431. On trouverait le rayon R par la formule $R = \dfrac{S}{\pi \times A}$ (n° **256**).

432. Remarque. Le triangle ABC étant rectangle on pourra calculer l'une des trois quantités R, A, H connaissant les deux autres d'après les n°ˢ **362** et **363**.

TRONC DE PYRAMIDE.

433. Si l'on coupe une pyramide par un plan parallèle à sa base, le volume qui reste quand on a enlevé la petite pyramide, s'appelle *tronc de pyramide.*

Les dimensions du tronc de pyramide sont sa hauteur H et ses deux bases B et b.

434. Le volume du tronc de pyramide s'obtient en multipliant la hauteur par la somme de la grande base, de la petite base et d'une moyenne géométrique entre les deux bases (n° **260**), puis prenant le tiers du produit obtenu.

On a donc $V = \dfrac{H}{3} \times (B + b + \sqrt{B \times b})$.

435. *Applications.* Trouver le volume d'un tronc de

pyramide dont la hauteur est 9^m, 44 et dont les bases sont $18^{m. q.}$ et $8^{m. q.}$.

On a :

$$V = \frac{H}{3} \times (B + b \, \sqrt{B\,b}) = \frac{9,44}{3} \times (18 + 8 + \sqrt{18 \times 8})$$

$$= \frac{9,44}{3} \times (18 + 8 + 12) = \frac{9,44 \times 38}{3} = 119^{mc}, 573.$$

436. Trouver la hauteur d'un tronc de pyramide dont le volume est $119^{m. c.}$ 573... et les bases $18^{m. q.}$ et $8^{m. q.}$.

Dans la formule $V = \frac{H}{3} \times B + b + \sqrt{B\,b}$, isolons l'inconnue H. On a (n° **256**) :

$$H = \frac{3\,V}{B + b + \sqrt{B\,b}} = \frac{3 \times 119,573}{18 + 8 + \sqrt{144}} = 9^m, 44.$$

437. La surface latérale d'un tronc de pyramide se compose de trapèzes que l'on évaluera d'après le n° **365**.

TRONC DE CÔNE.

438. Si l'on coupe un cône par un plan parallèle à sa base, le volume qui reste quand on a enlevé le petit cône s'appelle *tronc de cône.*

Le volume du tronc de cône s'obtient par la même formule que le tronc de pyramide ; mais si l'on remarque que la grande base est ici un cercle $\Pi\,R^2$, que la petite base est aussi un cercle $\Pi\,r^2$, on aura :

$$V = \frac{H}{3} \times (\Pi\,R^2 + \Pi\,r^2 + \sqrt{\Pi^2\,R^2\,r^2}) = \frac{\Pi \times H}{3} \times (R^2 + r^2 + Rr)$$

---

(1) $\Pi^2 R^2 r^2$ qui est la moyenne géométrique entre ΠR^2 et Πr^2 (n° **260**) est égale à $\Pi R r$. Le facteur Π multipliant les trois termes de la parenthèse, on l'a mis en facteur commun (n° **53**.)

439. *Applications.* Quel est le volume d'un tronc de cône dont la hauteur H est 6^m, et dont les rayons des bases sont 7^m et 5^m?

On a : $V = \dfrac{n \times H}{3} \times \left(R^2 + r^2 + Rr \right) = \dfrac{3,1416 \times 6}{3} \times$

$(49 + 25 + 35) = 6,2832 \times 109 = 684^{m.\,c.}\ 8688.$

440. Les dimensions de la surface latérale sont les circonférences des deux bases de l'arête EC.

La surface latérale d'un tronc de cône est égale à la demi-somme des circonférences des bases multipliée par l'arête A.

On a donc : $S = \dfrac{2\,nR + 2\,n\,r}{2} \times A = (nR + nr) \times A =$

$n \times A \times (R + r).$

441. *Applications.* Trouver la surface latérale d'un tronc de cône dont l'arête est 0^m, 27 et dont les rayons des bases sont 0,34 et 0,16.

On a : $S = n \times A \times (R + r) = 3,1416 \times 0,27 \times$
$(0,34 + 0,16) = 3,1416 \times 0,27 \times 0,50 = 0^{m.\,q.},\ 424116.$

442. Trouver le rayon de la grande base d'un tronc de cône, sachant que sa surface est 0,424116, que l'arête est 0,27 et que le rayon de la petite base est 0,16.

Dans la formule $S = n \times A\ (R + r)$; isolons $R + r$.

On a : $R + r = \dfrac{S}{n \times A} = \dfrac{0,424116}{3,1416 \times 0,27} = 0,50.$

De $R + r = 0,50$, on tire (n° **253**) :
$R = 0,50 - r = 0,50 - 0,16 = 0,34.$

On calculerait l'arête A par la formule $A = \dfrac{S}{n \times (R + r)}$

443. Remarque. Dans le triangle rectangle EFC, le côté DB est la hauteur H, l'hypoténuse EC est l'arête A, et le côté FC est la différence $R - r$ des rayons des bases.

Les nos **362** et **363** permettront de calculer l'une de ces trois quantités connaissant les deux autres.

SPHÈRE.

444. La *sphère* est un solide terminé par une surface courbe dont tous les points sont également distants d'un point intérieur nommé *centre*.

445. On appelle *grand cercle* un cercle dont le plan passe par le centre de la sphère.
Exemple : AB.

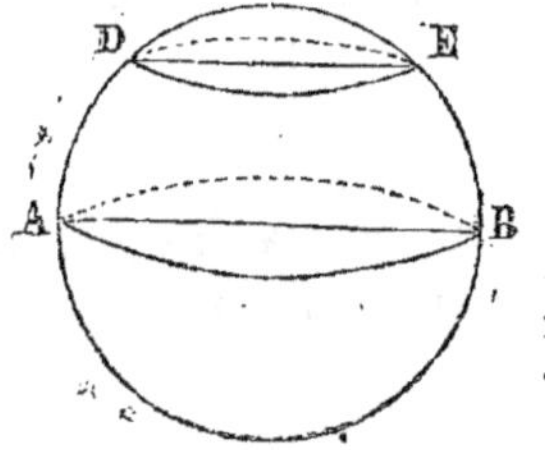

Un *petit cercle* est celui dont le plan ne passe pas dans le centre de la sphère. *Exemple* : DE.

La surface de la sphère est égale à 4 grands cercles ; elle est donc donnée par la formule $S = 4 \pi R^2$ (n° **377**).

446. *Applications.* Trouver la surface d'une sphère dont le rayon est 0,45 ?

On a : $S = 4 \pi R^2 = 4 \times 3,1416 \times 0,15^2 = 4 \times 3,1416 \times 0,0225 = 0,282744$.

447. Quel est le rayon d'une sphère dont la surface est 0,282744.

Dans la formule $S = 4 \pi R^2$, isolons l'inconnue R^2.

On a : $R^2 = \dfrac{S}{4 \pi} = \dfrac{0,282744}{12,5664} = 0,0225$.

D'où $R = \sqrt{0,0225} = 0^m,15$.

448. Le volume d'une sphère s'obtient en multipliant sa surface $4 \pi R^2$ par le tiers du rayon.

On a donc : $V = 4 \pi R^2 \times \dfrac{R}{3} = \dfrac{4}{3} \pi R^3$.

449. *Applications.* Trouver le volume d'une sphère de 7 mètres de rayon.

On a : $V = \dfrac{4}{3} \pi R^3 = \dfrac{4}{3} \times 3,1416 \times 7^3 = \dfrac{4}{3} \times$
$3,1416 \times 343 = 1436^{\,m.\,c.},7584$.

450. Quel est le rayon d'une sphère dont le volume est $1436,7584$.

Dans la formule $V = \dfrac{4}{3} \pi R^3$ isolons l'inconnue R^3.

On a : $R^3 = \dfrac{3\,V}{4\,\pi} = \dfrac{3 \times 1436,7584}{4 \times 3,1416} = \dfrac{4310,2752}{12,5664} = 343$.

$$\text{D'où } R \sqrt[3]{343} = 7.$$

ZONE.

451. On appelle *zone* la portion de la surface de la sphère comprise entre deux cercles parallèles qui en sont les bases. *Exemple* : FDEG.

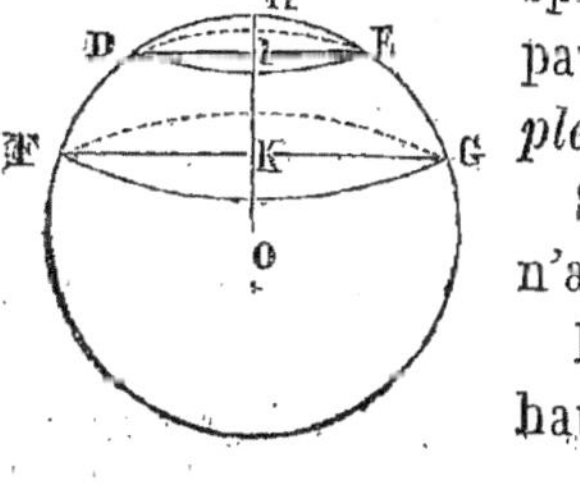

Si l'un des cercles est nul, la zone n'a qu'une base. Exemple : DHE.

La distance des deux bases est la hauteur de la zone. *Exemple* : IK.

Si la zone n'a qu'une base, sa hauteur est la portion IH de la perpendiculaire à sa base comprise entre le centre I de la base et la surface de la sphère.

452. La surface d'une zone est égale à sa hauteur multipliée par la circonférence d'un grand cercle. On a donc :

$$S = H \times 2 \pi R.$$

453. *Applications.* Quelle est la surface d'une zone de 2,25 de hauteur dans une sphère de 6 mètres de rayon?

On a : $S = 2 \pi R \times H = 2 \times 3,1416 \times 6 \times 2,25 = 84^{\text{m. q.}},8232.$

SEGMENT DE SPHÈRE.

454. Le volume d'un segment de sphère FDEG à bases parallèles, est égal à la demi-somme de ses bases multipliée par la hauteur, plus le volume de la sphère qui aurait cette hauteur pour diamètre.

455. Les deux bases étant des cercles FG, DE s'évaluent d'après le n° **377** : le volume de la sphère s'évaluera d'après le n° **448**, en prenant pour rayon $\dfrac{H}{2}$.

POLYÈDRES SEMBLABLES.

456. Deux polyèdres sont *semblables* lorsqu'ils sont compris sous un même nombre de faces semblables chacune à chacune, et que leurs angles solides homologues sont égaux.

Le rapport des volumes de deux polyèdres semblables est

égal au cube du rapport de deux arêtes homologues quelconques (comparez avec le n° **394**).

On sait déjà que le mètre cube vaut 1000 décimètres cubes ($1000 = 10^3$).

Le microscope est un instrument destiné à grossir les petits objets sans les déformer. On peut donc considérer l'objet et son image comme deux figures semblables.

Supposant que chaque ligne de l'image soit 40 fois plus grande que chaque ligne correspondante de l'objet, le volume de l'image sera 40^3 ou 64000 fois plus grand que le volume de l'objet (*V*. les n°⁵ **548** et suivants).

SUPPLÉMENT

EXERCICES.

EXPLICATION DU TROISIÈME CAS DE LA DIVISION CONSIDÉRÉE COMME L'INVERSE DE LA MULTIPLICATION.

457. On a vu (n° **45**) qu'en multipliant le diviseur par le quotient, et ajoutant le reste au produit, on trouve le dividende. Considérons la multiplication suivante :

398 (1) Diviseur.

461 (2) Quotient.

398 (3) Produit du diviseur par les unités du quotient.

23880 (4) Produit du diviseur par les dizaines du quotient.

159200 (5) Produit du diviseur par les centaines du quotient.

278 (6) Reste de la division.

183756 (7) Dividende.

458. Supposons que l'on ait à diviser 183756 par 398.

183756 | 398
| $c.d.u.$

On sait d'après le n° **38** que le quotient aura trois chiffres : des centaines c, des dizaines d et des unités u ; et le dividende 183756 contient les nombres (3), (4), (5), (6).

Détermination du chiffre c des centaines du quotient.

459. Le produit du diviseur par les centaines inconnues du quotient (5) étant terminé par deux zéros, n'a pu influer sur les 56 unités du dividende 183756, et ce produit se trouve dans les 1837 centaines du dividende. On est donc conduit à séparer deux chiffres sur la droite, et à diviser la partie à gauche de la virgule 1837 par 398.

On trouve 4 d'après le n° **40**. Je dis que 4 représente les centaines du quotient.

On a : $398 \times 4 < 1837 < 398 \times 5$ (1).

Multipliant ces trois nombres par 100, on aura :

$$398 \times 400 < 183700 < 398 \times 500.$$

Cette inégalité ayant lieu entre des centaines, subsiste encore si on remplace les deux zéros du nombre intermédiaire par 56, et on a :

$$398 \times 400 < 183756 < 398 \times 500.$$

D'où l'on voit que le dividende 183756 étant compris entre 400 fois le diviseur et 500 fois le diviseur, le quotient est compris entre 400 et 500. Donc il y a 4 centaines au quotient.

460. Je retranche du dividende 159200 (5) et le reste 24556 contient encore les parties (4), (3), (6).

Détermination du chiffre d des dizaines du quotient.

1837,56	398
1592 00	461
2455,6	
2388 0	
07 6	
39 8	
27 8	

Le produit du diviseur par les dizaines inconnues du quotient (4) étant terminé par un zéro, n'a pu influer sur les 6 unités du reste 24556; et ce produit se trouve dans les 2455 dizaines de ce reste. On est donc conduit à séparer un chiffre sur la droite et à diviser la partie à gauche de la virgule 2455 par 398.

---

(1) Le signe $<$ se prononce : *plus petit que,* et le signe $>$ se prononce *plus grand que.*

On trouve 6 d'après le n° **40**. Je dis que 6 représente les dizaines du quotient. Même raisonnement que précédemment.

461. REMARQUE. Dans la pratique on n'écrit pas les zéros à la droite des produits partiels, mais à la droite des différents restes on abaisse le chiffre suivant.

EXPLICATION DE L'EXTRACTION DE LA RACINE CARRÉE.

462. Composition du carré d'un nombre renfermant des dizaines et des unités.

Exemple : 76^2 ou $(70 + 6)^2$ ou $(70 + 6) \times (70 + 6)$.

$$
\begin{array}{l|l}
70 + 6 & \text{Pour répéter } (70 + 6) \text{ fois le multiplicande } 70 + 6, \\
70 + 6 & \text{on le répète 70 fois, 6 fois et on ajoute.} \\
\hline
70^2 + 6 \times 70\ldots\ldots & 70 \text{ fois le multiplicande } 70 + 6 \\
70 \times 6 + 6^2\ldots\ldots & 6 \text{ fois le multiplicande } 70 + 6 \\
\hline
70^2 + 2 \text{ fois } 70 \times 6 + 6^2 & (70 + 6) \text{ fois } 70 + 6 \text{ ou } (70 + 6)^2.
\end{array}
$$

D'où l'on voit que le carré d'un nombre renfermant des dizaines et des unités, se compose : 1° du carré des dizaines (70^2); 2° du double produit des dizaines par les unités ($2 \times 70 \times 6$); 3° du carré des unités (6^2).

En représentant les dizaines par d et les unités par u, ce résultat se formule ainsi : $(d + u)^2 = d^2 + 2\,d \times u + u^2$.

463. On peut vérifier cette formule :

$$
\begin{array}{llll}
d^2 & = 70^2 & = 4900 & (1) \\
2\,d \times u & = 2 \times 70 \times 6 & = 840 & (2) \\
u^2 & = 6^2 & = 36 & (3) \\
\hline
(d + u)^2 & = 76^2 & = 5776 &
\end{array}
$$

$$
\begin{array}{r}
76 \\
76 \\
\hline
456 \\
532 \\
\hline
5776.
\end{array}
$$

464. Supposons que l'on ait à extraire $\sqrt{5776}$

Ce nombre étant plus grand que 100, sa racine est plus grande que 10, et contiendra par conséquent des dizaines et des unités.

Détermination du chiffre des dizaines de la racine.

465. Le carré des dizaines d^2 (1) étant terminé par deux zéros, n'a pu influer sur les 76 unités du nombre proposé 5776; et ce carré se trouve dans les 57 centaines du nombre. On est donc conduit à séparer deux chiffres sur la droite, et à extraire la racine carrée de la partie à gauche de la virgule 57. On trouve 7 (n° **123**). Je dis que 7 représente les dizaines de la racine.

On a : $7^2 < 57 < 8^2$.

Multipliant ces trois nombres par 100 ou 10^2 on aura :

$$7^2 \times 10^2 \quad < \quad 5700 \quad < \quad 8^2 \times 10^2.$$

Cette inégalité ayant lieu entre des centaines, subsiste encore si on remplace les deux zéros du nombre intermédiaire par 76, et on a :

$$7^2 \times 10^2 \quad < \quad 5776 \quad < \quad 8^2 \times 10^2.$$

Extrayant les racines carrées de ces trois nombres, on a :

$$7 \times 10 \quad < \quad \sqrt{5776} \quad < \quad 8 \times 10.$$

D'où l'on voit que $\sqrt{5776}$ étant compris entre 7 dizaines et 8 dizaines, il y a 7 dizaines à la racine.

Détermination du chiffre des unités de la racine.

466. Je retranche du nombre la partie $d^2 = 4900$ (1);

57,76	76
49 00	146
87,6	6
87 6	876
0	

et le reste 876 contient encore $2\,d \times u$ et u^2 (2) et (3). La partie $2\,d \times u$ étant toujours terminée par un zéro, se trouve dans les 87 dizaines du reste. On est donc conduit à séparer un chiffre sur la droite, et à diviser la partie à gauche 87 par 2 d ou 2 $\times$ 7 ou 14. Le quotient est 6.

Pour voir si 6 est bon, on forme les deux parties 2 $d \times u$ et u^2, en remplaçant d par 70, et u par 6 chiffre essayé.

A la droite de 14 on écrit le chiffre essayé 6, et on multiplie le nombre ainsi formé 146 par le chiffre essayé 6.

$$146 \times 6 = (140 + 6) \times 6 = 140 \times 6 + 6^2$$
$$= 2 \, d \, u + u^2.$$

EXPLICATION DE L'EXTRACTION DE LA RACINE CUBIQUE.

467. Composition du cube d'un nombre renfermant des dizaines et des unités.

Exemple : 76^3 ou $(70 + 6)^3$ ou $(70 + 6) \times (70 + 6) \times (70 + 6)$.

Le produit des 2 premiers facteurs donne le carré qui, multiplié par le nombre, donnera le cube.

$70^2 + 2 \times 70 \times 6 + 6^2$ . . . . . carré de $70 + 6$ (n° **462**).
$70 + 6$

$70^3 + 2 \times 70^2 \times 6 + 70 \times 6^2$ . . . 70 fois le multiplicande.
$\qquad\qquad 70^2 \times 6 + 2.70 \times 6^2 + 6^3$. 6 fois le multiplicande.

$70^3 + 3.70^2 \times 6 + 3.70 \times 6^2 + 6^3$. 76 fois le multiplicande ou 76 fois 76^2 ou 76^3.

D'où l'on voit que le cube d'un nombre renfermant des dizaines et des unités se compose : 1° du cube des dizaines (70^3); 2° du triple carré des dizaines par les unités $(3 \times 70^2 \times 6)$; 3° du triple produit des dizaines par le carré des unités $(3 \times 70 \times 6^2)$; 4° du cube des unités (6^3).

En représentant les dizaines par d et les unités par u ce résultat se formule ainsi :

$$(d + u)^3 = d^3 + 3 d^2 u + 3 d u^2 + u^3.$$

468. On peut vérifier cette formule :

$$
\begin{array}{lllll}
d^3 & = & 70^3 & = & 343000 \quad (1) \\
3 d^2 u & = & 3.70^2.6 & = & 88200 \quad (2) \\
3 d u^2 & = & 3.70.6^2 & = & 7560 \quad (3) \\
u^3 & = & 6^3 & = & 216 \quad (4) \\
\hline
(d + u)^3 & = & 76^3 & = & 438976
\end{array}
$$

$$
\begin{array}{r}
5776 \\
76 \\
\hline
34656 \\
40432 \\
\hline
438976
\end{array}
$$

469. Supposons que l'on ait à extraire $\sqrt[3]{438976}$.

Ce nombre étant plus grand que 1000, sa racine cubique est plus grande que 10, et contiendra par conséquent des dizaines et des unités.

Détermination du chiffre des dizaines de la racine.

470. Le cube des dizaines d^3 (1) étant terminé par trois zéros n'a pu influer sur les 976 unités du nombre proposé 438976; et ce cube se trouve dans les 438 mille du nombre. On est donc conduit à séparer trois chiffres sur la droite et à extraire la racine cubique de la partie à gauche de la virgule 438. On trouve 7 (n° **136**). Je dis que 7 représente les dizaines de la racine.

On a : $7^3 < 438 < 8^3$.

Multipliant ces trois nombres par 1000 ou 10^3, on aura :

$$7^3 \times 10^3 \quad < \quad 438\,000 \quad < \quad 8^3 \times 10^3.$$

Cette inégalité ayant lieu entre des mille, subsiste encore si on remplace les trois zéros du nombre intermédiaire par 976, et on a : $7^3 \times 10^3 < 438076 < 8^3 \times 10^3$.

Extrayant les racines cubiques de ces trois nombres on a :

$$7 \times 10 < \sqrt[3]{438976} < 8 \times 10.$$

D'où l'on voit que $\sqrt[3]{438976}$ étant compris entre 7 dizaines et 8 dizaines, il y a 7 dizaines à la racine.

Détermination du chiffre des unités de la racine.

471. Je retranche du nombre la partie $d^3 = 343000$ (1) ; et le reste 95976 contient encore $3\,d^2u + 3\,du^2 + u^3$ (2), (3), (4).

$$
\begin{array}{r|l}
438,\ 976 & 76 \\
343,\ 000 & \overline{3\ d^2 = 14700} \\
\hline
959,\ 76 & 3\,d\,u = 1260 \\
959,\ 76 & u^2 = \ \ 36 \\
\hline
0 & \overline{15996 \times 6} \\
\end{array}
$$

La partie $3\,d^2u$ étant toujours terminée par deux zéros, se trouve dans les 959 centaines du reste. On est donc conduit à séparer deux chiffres sur la droite, et à diviser la partie à gauche 959 par $3\,d^2$ ou 3×49 ou 147. Le quotient est 6.

Pour voir si 6 est bon, on forme les trois parties $3\,d^2u + 3\,d\,u^2 + u^3$ mises sous la forme : $(3\,d^2 + 3\,d\,u + u^2) \times u$ (n° **57**) en remplaçant d par 70 et u par 6, chiffre essayé. La soustraction étant possible, 6 est bon.

472. Si la racine cubique devait avoir un chiffre de plus, on abaisserait à la droite du reste la tranche suivante, de même que la tranche 976 s'est trouvée abaissée à la droite du reste 95. On séparerait deux chiffres sur la droite du nombre ainsi formé (de même qu'on a séparé 76 sur la droite de 95976), et l'on diviserait la partie à gauche de la virgule par le triple carré de 76 (de même qu'on a divisé 959 par $3\,d^2$ ou 147).

473. Pour former le triple carré de 76 il suffit de faire la somme $1260 + 36 + 15996 + 36 = 17328$.

En effet $76^2 = (d + u)^2 = d^2 + 2\,d\,u + u^2$.

$3 \times 76^2 = 3\,(d + u)^2 = 3\,d^2 + 6\,d\,u + 3\,u^2$.

Or 15996 contient déjà 14700 ou $3\,d^2$, 1260 ou $3\,d\,u$, 36 ou u^2. Donc en ajoutant 15996, 1260, 36, 36, la somme 17328 est bien égale à $3\,d^2 + 6\,d\,u + 3\,u^2$.

---

474. Une expression fractionnaire change-t-elle de valeur quand on ajoute un même nombre à ses deux termes ?

Premier exemple. Ajoutons 2 aux termes de la *fraction* $\frac{3}{7}$, elle devient $\frac{5}{9}$.

On a :

$$1 - \frac{3}{7} = \frac{7}{7} - \frac{3}{7} = \frac{4}{7}$$

$$1 - \frac{5}{9} = \frac{9}{9} - \frac{5}{9} = \frac{4}{9}$$

Le numérateur 4 de la fraction $\frac{4}{7}$ est la différence entre les deux termes de la fraction $\frac{3}{7}$

Le numérateur 4 de la fraction $\frac{4}{9}$ est la différence entre les deux termes de la fraction $\frac{5}{9}$

Ces deux numérateurs doivent être égaux puisque la différence entre les deux nombres ne change pas si à ces deux nombres on ajoute une même quantité (2 dans notre exemple).|

La fraction $\frac{4}{9}$ étant moindre que $\frac{4}{7}$ on voit que $\frac{5}{9}$ s'approche plus de l'unité que $\frac{3}{7}$; et comme il s'agit de fractions moindres que 1, celle qui s'approche le plus de l'unité est la plus grande.

Donc une *fraction* augmente, si à ses deux termes on ajoute un même nombre.

475. *Deuxième exemple*: Ajoutons 2 aux termes du nombre fractionnaire $\dfrac{3}{7}$; il devient $\dfrac{9}{5}$

On a :

$$\frac{7}{3} - 1 = \frac{7}{3} - \frac{3}{3} = \frac{4}{3}$$

$$\frac{9}{5} - 1 = \frac{9}{5} - \frac{5}{5} = \frac{4}{5}$$

$\dfrac{4}{5}$ étant moindre que $\dfrac{4}{3}$, on voit que $\dfrac{9}{5}$ s'approche plus de l'unité que $\dfrac{7}{3}$: et comme il s'agit de *nombres fraction- naires* supérieurs à 1, celui qui s'approche le plus de l'unité est le plus petit.

Donc un nombre fractionnaire diminue, si à ses deux termes on ajoute un même nombre.

476. *Troisième exemple.* Ajoutons 2 aux termes de l'expression fractionnaire $\dfrac{7}{7}$, elle devient $\dfrac{9}{9}$.

Dans ce cas $\dfrac{7}{7} = 1$ et $\dfrac{9}{9} = 1$. Donc $\dfrac{7}{7} = \dfrac{9}{9}$.

---

477. Plusieurs fractions équivalentes étant données, la fraction qui a pour numérateur la somme des numérateurs, et pour dénominateur la somme des dénominateurs est équivalente à l'une quelconque des fractions proposées.

Considérons les fractions $\dfrac{5}{7} = \dfrac{15}{21} = \dfrac{10}{14} = \dfrac{50}{70}$

Je dis que $\dfrac{5 + 15 + 10 + 50}{7 + 21 + 14 + 70}$ ou $\dfrac{80}{112} = \dfrac{5}{7}$

On a : $5 = \dfrac{5}{7} \times 7$ . . . . . $5 = \dfrac{5}{7} \times 7$

$15 = \dfrac{15}{21} \times 21$ . . . ou $15 = \dfrac{5}{7} \times 21$

$10 = \dfrac{10}{14} \times 14$ . . . . . $10 = \dfrac{5}{7} \times 14$

$50 = \dfrac{50}{70} \times 70$ . . . . . $50 = \dfrac{5}{7} \times 70$

Ajoutant membre à membre les 4 dernières égalités, on aura : $5 + 15 + 10 + 50 = \dfrac{5}{7} (7 + 21 + 14 + 70)$ (n° **53**).

Divisant les deux membres de l'égalité par $7 + 21 + 14 + 70$ (n°**250**), on a : $\dfrac{5 + 15 + 10 + 50}{7 + 21 + 14 + 70} = \dfrac{5}{7}$

478. Si 5, 15, 10, 50, représentent les longueurs des côtés d'un polygone ; si 7, 21, 14, 70 représentent les côtés homologues d'un polygone semblable au premier, $5 + 15 + 10 + 50$ et $7 + 21 + 14 + 70$ représenteront les périmètres de ces deux polygones. On voit par la dernière égalité que le rapport des périmètres est égale au rapport des deux côtés homologues quelconques.

EXEMPLE DE RÈGLE D'ESCOMPTE RATIONNEL.

479. Quelle est la valeur actuelle d'un billet de 1505 fr. payable dans 18 mois ; le taux de l'escompte étant 5 0/0 ?

100 fr. rapportant 7,50 en 18 mois, la question revient à la suivante : la valeur actuelle d'un billet de 107$^{\text{fr.}}$ 50 étant 100 fr., quelle est la valeur actuelle d'un billet de 1505 fr.

$$107,50 \ldots \ldots 100 \atop 1505 \ldots \ldots x \left.\right\} \text{Règle de trois simple.}$$

On trouve $x = \dfrac{1505 \times 100}{107,50} = 1400$ francs.

L'escompte rationnel sera $1505 - 1400 = 105$ fr.

480. L'escompte commercial serait 112,875; il surpasse le précédent de l'intérêt de 105 fr. qui est 7,875.

PROBLÈMES DE RÉCAPITULATION

481. Un nombre est tel qu'après en avoir retranché 528, il est devenu 3739; quel est ce nombre?

Rép. Ce nombre = 3739 + 528 = 4267.

482. Un individu hérite d'une certaine somme : il donne 1800 fr. à un ami; il perd 1200 fr.; il dépense 7000 fr. et il lui reste 25000 fr. A combien se monte son héritage?

Rép. 1800 + 1200 + 7000 + 25000 = 35000.

483. On donne 227 fr. à une personne qui donne 83 fr. à un ami : combien lui reste-t-il?

Rép. Il lui reste 227 — 83 = 144.

484. On donne une certaine somme à 16 personnes; chacune reçoit 273 fr. Quelle somme a-t-on donnée?

Rép. La somme donnée = 273 × 16 = 4368.

485. Un industriel emploie 127 ouvriers, et paie chaque ouvrier 4 fr. par jour. Combien dépense-t-il : 1° par jour, 2° par semaine, 3° par année, sachant que les ouvriers travaillent 6 jours par semaine.

Rép. Le total des salaires d'une journée est

$$127 \times 4 = 508$$

Idem d'une semaine $\qquad 508 \times 6 = 3048$

Idem d'une année $\qquad 3048 \times 52 = 158496.$

10.

486. Onze associés ont gagné 2497 fr. Quelle est la part de chacun ?

Rép. La part de chacun = 2497 : 11 = 227 fr.

487. Un voyageur a 224 lieues à parcourir : combien durera son voyage, sachant qu'il parcourt 16 lieues par jour ?

Rép. Le voyage durera 224 : 16 = 14 jours.

488. Une personne possède 119 fr. et gagne successivement 15 fr., 34 fr., 18 fr.; puis elle perd 87 fr., 13 fr., 22 fr. Combien lui reste-t-il ?

Rép. La personne a possédé 119 + 15 + 34 + 18 = 186 fr. Elle a perdu 87 + 13 + 22 ou 122; Reste 186 — 122 = 64 fr.

489. Un entrepreneur a gagné 1274 fr., il garde 826 fr. pour lui, et partage le reste entre 7 ouvriers : quelle est la part de chaque ouvrier ?

Rép. La part des 7 ouvriers est 1274 — 826 = 448 fr. La part de chaque ouvrier est 448 : 7 = 64.

490. 14 héritiers ont à se partager 12040 fr. Chacun d'eux donne 60 fr. aux pauvres. Quelle est la part de chacun ?

Rép. Chaque héritier touche $\dfrac{12040}{14}$ — 60 = 860 — 60 = 800

Les pauvres reçoivent 60 × 14 = 840 fr.

491. On a une certaine somme à partager entre 7 personnes : la première touche 2436 fr.; la deuxième touche le tiers de la première, et les cinq dernières touchent chacune le quart de la première; quelle est la somme à partager ?

Rép. La première, touchant 2436, la seconde touche

$\dfrac{2436}{3} = 812$ fr.; chacune des cinq dernières touche $\dfrac{2436}{4}$ $= 609$ fr. La somme $= 2436 + 812 + 609 \times 5 = 6293$ fr.

492. Douze personnes ont chacune 825 fr.; elles s'associent, et chacune d'elles dépense 132 fr. pour frais d'installation. On demande quel est le capital dont elles peuvent disposer avant et après l'installation?

Rép. Avant l'installation elles ont : $825 \times 12 = 9900$ fr. Après l'installation elles ont : $(825 - 132) \times 12 = 693 \times 12 = 8316$ fr?

493. Un industriel a mis 1200 fr. dans un établissement; au bout d'un certain temps son capital est doublé. On demande quel est ce temps, sachant que les frais par mois sont de 847 fr., les recettes de 1500 fr., et l'entretien de la maison de 253 fr.

Rép. Le bénéfice par mois $= 1500 - 847 - 253 = 400$ fr. Pour gagner 12000 fr. il faut $12000 : 400 = 30$ mois.

494. Quel est le nombre dont le quart et le sixième diffèrent entre eux de 7.

Rép. $\dfrac{1}{4} - \dfrac{1}{6} = \dfrac{3}{12} - \dfrac{2}{12} = \dfrac{1}{12}$

$\dfrac{1}{12}$ du nombre vaut 7 : les $\dfrac{12}{12}$ du nombre valent $12 \times 7 = 84$.

495. Deux fontaines alimentent un bassin de 128 litres : l'une donne 4 litres en 3 heures, l'autre 5 litres en 2 heures. Dans combien d'heures le bassin sera-t-il rempli?

Rép. Les deux fontaines donnent, l'une $\dfrac{4}{3}$ et l'autre

$\frac{5}{2}$ de litre par heure. Donc les deux coulant ensemble

donnent $\frac{4}{3} + \frac{5}{2} = \frac{8}{6} + \frac{15}{6} = \frac{23}{6}$ de litre par heure.

Le temps cherché est donc $128 : \frac{23}{6} = \frac{128 \times 6}{23} =$

496. Un marchand a 3 kil. $\frac{1}{3}$ d'un certain métal à 228 fr.

le kilogramme. Il en vend 2 kil. $\frac{1}{2}$. On demande quelle

est la valeur du métal qui lui reste?

Rép. Il reste $\left(3 + \frac{1}{3} \right) - \left(2 + \frac{1}{2} \right) = \frac{10}{3} - \frac{5}{2} =$

$\frac{5}{6}$ de kilog.

Or 1 kilog. valant 228 fr., les $\frac{5}{6}$ d'un kilog. valent :

$228 \times \frac{5}{6} = \frac{1140}{6} = 190$ francs. (n° **97**).

497. Un ouvrier fait en 8 jours les trois quarts d'un
certain ouvrage, combien mettra-t-il de jours pour faire
l'ouvrage entier?

Rép. Les 3 quarts du nombre inconnu de jours font 8 jours.

On a : (n° **101**) $8 : \frac{3}{4} = \frac{8 \times 4}{3} = \frac{32}{3} = 10$ j. $+ \frac{2}{3}$.

498. Une personne donne le tiers de sa bourse à un
pauvre, le quart à un deuxième, et le sixième à un dernier,
elle rentre avec 12 fr., combien avait-elle ?

Rép. $\frac{1}{3} + \frac{1}{4} + \frac{1}{6} = \frac{4}{12} + \frac{3}{12} + \frac{2}{12} = \frac{9}{12} = \frac{3}{4}.$

Puisqu'elle a donné les trois quarts de son argent, les

12 francs qui lui restent représentent le quart de ce qu'elle avait en partant; elle avait donc $12 \times 4 = 48$ fr.

499. Une personne donne la moitié de son argent, puis la moitié du reste, puis le tiers de ce nouveau reste : elle a donné ainsi 50 francs; combien avait-elle?

Rép. Elle a donné $\frac{1}{2}$, puis $\frac{1}{2}$ de $\frac{1}{2}$ ou $\frac{1}{4}$, puis $\frac{1}{3}$ de $\frac{1}{4}$ ou $\frac{1}{12}$

Or $\frac{1}{2} + \frac{1}{4} + \frac{1}{12} = \frac{10}{12} = \frac{5}{6}$

Ainsi les $\frac{5}{6}$ de ce qu'elle avait faisant 50 fr., elle avait

$$50 : \frac{5}{6} = \frac{50 \times 6}{5} = 60 \text{ francs (n}^o \text{ 101)}.$$

500. Un homme qui porte déjà 25^k, 165 reçoit successivement des poids de 6^k, 57; 3^k,279; 8^k, 49; il dépose en route 4^k, 27 et 17^k, 58. De quel poids était-il chargé à la fin?

Rép. $25,165 + 6,57 + 3,279 + 8,49 - 4,27 - 17,58 = 21,654$.

501. Une pièce d'or de 10 francs pesant 3^g, 2258, combien pèsent 125 de ces pièces.

Rép. $3^g, 2258 \times 125 = 403^g, 225$.

502. Dans un premier marché on vend 35^m, 15 à 6^{fr}, 25

Dans un deuxième marché on vend 12^m, 25 à 6^{fr}; 14^m, 50 à 5^{fr}, 65 ; 39^m, 75 à 6^{fr}, 65. On demande lequel des deux marchés est le plus avantageux.

12^m, 25 à 6^{fr},	=	73, 50.
14^m, 50 à 5 , 65	=	81, 93.
39^m, 75 à 6 , 65	=	264, 34.
66^m, 50 sont vendus		419, 77.

1ᵐ est vendu 419, 77 : 66, 50 ou 6^{fr}, 31 dans le deuxième marché. Or dans le premier marché, 1ᵐ est vendu 6^{fr}, 25. Donc le deuxième marché est le plus avantageux.

503. Quel est le poids total charrié par un homme qui fournit 127 voies d'eau à 64 litres par voie ; ses seaux pesant 6 kilo 25 gr. ?

Rép. Un litre d'eau pesant 1000 grammes ou 1 kilog., chaque voie pèse $64^{kil}, + 6^{k}, 025 = 70^{k}, 025$.

Le poids total $= 70, 025 \times 127 = 8893^{k}, 175$.

504. Quelle est la contenance d'un vase renfermant 125 grammes d'eau?

Rép. Un gramme d'eau occupant 1 centimètre cube, 125 grammes d'eau occupent 125 centim. cubes.

505. Quel est le poids de 125 litres d'un liquide qui pèse 3,75 fois plus que l'eau.

Rép. 125 litres d'eau pesant 125 kilo, les 125 litres de ce liquide pèseront $125 \times 3,75 = 468^{k}, 75$.

506. Quelle est en mètres quarrés la contenance d'un terrain de 87 ares, 2875. L'are vaut 100 m. q.

Rép. $8728^{m.\,q.}$, 75.

507. Quel serait le volume occupé par une quantité d'eau pesant autant que 1257^{fr}, 20?

Rép. 1 franc pesant 5 gr., 1257^{fr}, 20 pèsent $1257, 20 \times 5 = 6286$ grammes.

Le volume demandé est donc 6286 centim. c. ou 6^{lit}, 286.

508. On demande combien il faut de pièces d'or de 20 francs pour avoir un poids d'un kilog.

Rép. 200^{fr} d'argent pèsent 200 $\times$ 5^{gr} ou 1000^{gr} ou 1 kil. L'or valant 15,5 fois plus que l'argent à poids égal, il faudra 200^{fr} $\times$ 15,5 ou 3100^{fr} en or; par suite $\dfrac{3100}{20} = 155$ pièces de 20 francs.

509. Combien pèse un sac contenant 860 francs moitié or et moitié argent ?

Rép. 430^{fr} argent pèsent 430 $\times$ 5^{gr} $=$ 2150^{gr}.
430^{fr} or pèsent 2150 : 15, 5 $=$ 138^{gr}, 71.
Le poids demandé est donc 2150 $+$ 138, 71 $=$ 2288^{gr}, 71.

510. On expédie 660 kilog. de marchandises. Le prix de transport est de 16 francs par 100 kilog.

Combien doit-on payer sachant qu'il y a 25 francs de frais divers pour le tout ?

Rép. Pour 100 kilog. on paie 16 francs.
Pour 1 kilog. on paie 16 : 100 ou 0^{fr}, 16.
Pour 660 kilog. on paiera 0, 16 $\times$ 660 $=$ 105, 60.
On paiera donc 105, 60 $+$ 25 $=$ 130, 60.

511. 25 ouvriers travaillant 12 jours à 10 heures par jour ont gagné 900 francs. Combien gagneront 34 ouvriers travaillant 15 jours à 6 heures par jour (n° 214).

Rép. 25°. . .12 j.. . .10 h.. . .900
34°. . .15 j.. . . 6 h.. . . . x

On trouve $x = \dfrac{900 \times 34 \times 15 \times 6}{25 \times 12 \times 10} = 918$ fr.

512. Un débiteur offre à son créancier deux billets au choix; l'un de 500 francs payable dans deux ans, l'autre de 480 francs payable dans un an. Lequel des deux billets est le plus avantageux au créancier ?

On suppose l'escompte à 5 0/0 (n° **231**).

Rép. L'escompte du 1ᵉʳ billet est $\dfrac{500 \times 5 \times 2}{100} = $ **50** fr.

Le 1ᵉʳ billet vaut donc actuellement 500 — 50 ou **450** fr.

L'escompte du 2ᵉ billet est $\dfrac{480 \times 5}{100} = $ **24** fr.

Le 2ᵉ billet vaut donc actuellement 480 — 24 ou **456** fr.

Le second billet est plus avantageux que le premier.

513. Un débiteur paie une dette de 825 fr. avec un billet de 830 fr. payable dans 6 mois, le taux de l'escompte étant 4 0/0.

Ce billet est-il trop fort ou trop faible?

Rép. L'escompte est $\dfrac{830 \times 4 \times 6}{12 \times 100} = 16,60$.

Le billet ne vaut actuellement que 830 — 16, 60 ou 813, 40; il est donc trop faible.

514. Un particulier achète 447 francs de rente (3 0/0) au cours de 69,25. Quel capital a-t-il déboursé (n° **224**)?

Rép. $\left. \begin{array}{l} 3 \ldots 69,25 \\ 447 \ldots x \end{array} \right\} \quad x = \dfrac{447 \times 69,25}{3} = 10318^{fr}, 25.$

515. Un capitaliste achète pour 24500 francs de rentes 3 0/0 au cours de 68, 55. Combien aura-t-il de rentes, et quel est le taux de son placement (n° **224**)?

Rép. $\left. \begin{array}{l} 68,55 \ldots 3 \\ 24500 \ldots x \end{array} \right\} \quad x = \dfrac{24500 \times 3}{68,55} = 1072, 21.$

Le taux se trouvera par la règle de trois suivante :

$\left. \begin{array}{l} 68,55 \ldots 3 \\ 100 \ldots x \end{array} \right\} \quad x = \dfrac{100 \times 3}{68,55} = 4,37.$

516. Un ouvrier et son aide ont à se partager 429 francs, à temps égal l'ouvrier gagne une fois et demie ou (1, 50) fois plus que son aide. Combien revient-il à chacun, sachant que l'ouvrier a travaillé 25 heures et l'apprenti, 36 heures ?

Rép. L'heure de l'ouvrier étant payée 1, 50 fois plus que l'heure de l'apprenti, les 25 heures de l'ouvrier valent $25 \times 1, 50$ ou 37, 50 heures de l'apprenti.

Reste à partager 429 francs en 2 parties proportionnelles à 37, 50 et 36 (n° **233**).

On trouve : pour l'ouvrier $\dfrac{429 \times 37, 50}{73, 50} = 218, 88.$

Pour l'apprenti $\dfrac{429 \times 36}{73, 50} = 210, 12.$

517. On mélange 1254 gr. d'argent avec 265 gr. de cuivre. Quel est le titre de l'alliage (n° **242**) ?

Rép. Le titre est $\dfrac{1254}{1254 + 265} = \dfrac{1254}{1519} = 825, 5.$

518. On mélange 24 kilog. d'argent au titre de 0, 950 et 15 kilog. au titre de 0, 850. Quel est le titre de l'alliage (n° **242**) ?

Rép. Le 1ᵉʳ lingot contient $0, 950 \times 24 = 22, 800$ d'argent pur.

Le 2ᵉ lingot contient $0, 850 \times 15 = 12, 750$ d'argent pur.

Le titre est : $\dfrac{22, 80 + 12, 750}{24 + 15} = \dfrac{35, 55}{39} = 0, 9115.$

519. Combien faut-il mettre d'eau dans 125 litres de vin à 1ᶠʳ, 25 pour ramener le prix à 1 franc.

Rép. 125 litres à 1ᶠʳ, 25 coûtent $125 \times 1, 25$ ou 156ᶠʳ, 25.

A 1 franc le litre, c'est donc 156ˡ·, 25 qu'il faudra vendre, et comme il n'y a que 125 litres de vin pur, on devra mettre un volume d'eau $= 156, 25 - 125 = 31$ˡ·, 25.

11

520. L'un des angles égaux d'un triangle isocèle vaut 24° 35′ 24″. Quelle est la valeur de l'angle au sommet ?

Rép. Les deux angles à la base valent 2 fois 24° 35′ 24″ ou 49° 10′ 48″ ; donc l'angle au sommet vaut (n° **318**) :
$$180° - (49° 10′ 48″) = 130° 49′ 12″.$$

521. Quelle est la valeur de l'un des angles aigus d'un triangle rectangle isocèle ?

Rép. L'angle droit valant 90° les deux autres angles valent aussi 90°, et comme ils sont égaux, chacun d'eux vaut la moitié de 90° ou 45°.

522. Quel est le rayon d'un cercle dans lequel le côté du décagone inscrit aurait 7 mètres ?

Rép. L'angle au centre valant le dixième de 360 ou 36°, la question revient à la suivante :

Quel est le rayon d'un cercle dans lequel une corde de 36° a 7 mètres (*V.* le n° **339**) ?

523. Combien de tours fait une roue de 0ᵐ, 80 de diamètre pour parcourir 400 kilomètres ?

Rép. A chaque tour, la roue parcourt un chemin égal à sa circonférence : $2 \pi \times R = 2 \times 3,1416 \times 0,40 = 2ᵐ,51328$.

Le nombre de tours $= 400000ᵐ : 2ᵐ,51328 = 159154$.

524. Quelle est la hauteur d'un triangle équilatéral dont le côté est 6 mètres ?

Rép. En remarquant que cette hauteur partage le triangle équilatéral en deux triangles rectangles égaux, on aura (n° **363**) en représentant par H la hauteur.

$$H^2 = 6^2 - 3^2 = 36 - 9 = 27 ; \text{d'où } H = \sqrt{27} = 5ᵐ,196.$$

525. Le côté d'un quarré a 7 mètres. Quelle est la longueur de la diagonale?

Rép. La diagonale partage le quarré en deux triangles rectangles égaux, dont l'hypoténuse est la diagonale D.

On a (n° **362**) : $D^2 = 7^2 + 7^2 = 49 + 49 = 98$.

D'où $D = \sqrt{98} = 9,89$.

526. Trouver la hauteur d'un trapèze, sachant que sa surface est 280 mètres quarrés, que la somme de ses bases est 56 mètres, et que ces deux bases sont entre elles comme 3 est à 5.

Rép. On aura les deux bases b et B en partageant le nombre 56 en deux parties proportionnelles à 3 et 5 (n° **232**).

On trouve : $b = \dfrac{3 \times 56}{8} = 21^m$; $B = \dfrac{5 \times 56}{8} = 35^m$.

On a : (n° **367**) $H = \dfrac{2\,S}{B+b} = \dfrac{2 \times 280}{56} = \dfrac{560}{56} = 10^m$.

527. Quelle est la surface d'un triangle équilatéral inscrit dans un cercle de 16 mètres de rayon?

Rép. En opérant comme au n° **376**, on trouve : 332 m. q., 54.

528. Quelle est la surface du quarré inscrit dans un cercle de 21^m de rayon.

Rép. En opérant comme au n° **376**, on trouve : 882 m. q.

529. Combien faudra-t-il de dalles rectangulaires de 0^m, 20 de long, sur 0,16 de large, pour couvrir une surface de 8^m de long, sur 6 de large.

Rép. La surface à couvrir a $8 \times 6 = 48$ m. q. La surface d'une dalle est $0,20 \times 0,16 = 0^m$ q.,0320.

Il faudra $48 : 0,032 = 1500$ dalles.

530. On veut peindre une salle de réception de 16^m de long, sur 10 de large et 5 de hauteur.

Il y a à retrancher : 4 fenêtres de 1^m,80 de large sur 4^m de hauteur ; 1 porte de 2^m, 50 de large sur 4^m, 90 de hauteur ; 2 portes de 2^m, 20 de large sur 3^m, 50 de hauteur ; 16 médaillons circulaires de 0^m, 60 de rayon.

On demande le prix total, sachant que le mètre quarré de peinture coûte 8 francs pour le plafond et 12 francs pour les murs.

Rép. Le plafond a 16^m $\times$ 10 = 160$^{m.\,q.}$ à 8 fr. = 1280 fr.

Les murailles ont :

En longueur 16 $\times$ 5 = 80$^{m.\,q.}$ $\times$ 2 = 160$^{m.\,q.}$

En largeur 10 $\times$ 5 = 50$^{m.\,q.}$ $\times$ 2 = 100$^{m.\,q.}$

De la somme 260$^{m.\,q.}$ il faudra retrancher :

4 fenêtres dont la surface est 4 $\times$ 1,80 $\times$ 4 =	28$^{m.\,q.}$	80
1 porte. . . . . 2,50 $\times$ 4,90 =	12,	25
2 portes. . . . . 2,20 $\times$ 3,50 $\times$ 2 =	15,	40
16 cercles... 3,1416 $\times$ 0,60^2 $\times$ 16 = 18,0956 =	18,	09
Total à retrancher.	74,	54

On peindra donc 260 — 74,54 = 185,46 qui, à 12 francs le mètre quarré, font : 185,46 $\times$ 12 = 2225$^{fr.}$,52.

La dépense totale sera : 1280 + 2225 = 3505 francs.

531. Quelles sont les dimensions d'un rectangle de 124$^{m.\,q.}$ de surface et dont la base est 4 fois la hauteur ?

Rép. Puisque B = 4 H, la formule du n° **343** devient

$$S = B \times H = 4\,H \times H = 4\,H^2 = 124.$$

Donc H^2 = 31 et H = $\sqrt{31}$ = 5,56...; donc B = 22,27.

532. Trouver le côté d'un quarré équivalent à un triangle dont les dimensions sont 12^m et 16^m.

Rép. Comme au n° **350** on a :

$$A^2 = \frac{B \times H}{2} = \frac{12 \times 16}{2} = 96.$$

D'où $A = \sqrt{96} = 9^m,79.$

533. On a deux triangles semblables, l'un de 4^m de base, sur 6^m de hauteur; l'autre de 8^m de base, sur 12^m de hauteur. On demande la base et la hauteur d'un troisième triangle semblable aux deux premiers et équivalent à leur somme.

Rép. L'énoncé du n° **361** est vrai non-seulement pour des quarrés, mais encore pour des polygones semblables quelconques. En représentant par B la base inconnue,

On a : $B^2 = 4^2 + 8^2 = 16 + 64 = 80.$

D'où $B = \sqrt{80} = 8,94.$

On trouverait de même $H^2 = 6^2 + 12^2 = 36 + 144 = 180$

D'où $H = \sqrt{180} = 13,41.$

534. Trouver le côté d'un quarré équivalent à la surface d'un polygone quelconque.

Supposons que le polygone ait 5688, 1764; on doit avoir : $A^2 = 5688, 1764$ (n° **348**)

D'où $A = \sqrt{5688, 1764} = 75,42.$

535. Quel est le rayon d'un cercle équivalent à la surface d'un polygone quelconque.

La question revient à celle du n° **379.**

536. Quel est le côté d'un cube équivalent à un volume de $318^{m \cdot c}, 734941$ (n° **408**).

Rép. On a : $A = \sqrt[3]{318,734941} = 6^m,83.$

537. Calculer la hauteur d'un prisme dont la base a

$27^{\text{m. q.}}$ et, sachant en outre que ce prisme doit être équivalent à un autre prisme de 12^{m} de base et 18^{m} de hauteur.

Rép. Le volume du second prisme est $B \times H = 12 \times 18 = 216^{\text{mc}}$. Le premier prisme étant équivalent au second, on doit avoir :

$$B' \times H' = 216 \quad \text{ou} \quad 27 \times H' = 216.$$

D'où $H' = \dfrac{216}{27} = 8$ mètres.

538. Un réservoir d'eau a 60^{m} de long, 35 de large et 6 de profondeur. Il est relié par un tuyau de 5 centimètres de diamètre et de 2520 mètres de long. Quel est le volume total ?

Rép. On a pour le réservoir (n° **404**).

$$V = 60 \times 35 \times 6 = 12600 \text{ mètres cubes.}$$

On a pour le tuyau (n° **411**) :

$$V' = \Pi R^2 \times H = \Pi \times 0{,}025^2 \times 2520 = 4^{\text{m. c.}}, 948^{\text{litres}}.$$

Le volume total $= 12600 + 4{,}948 = 12604, 948.$

539. On donne la surface d'une sphère trouver son volume.

Rép. On cherchera d'abord le rayon d'après le n° **447**, puis le volume d'après le n° **449**.

540. Quel est le côté d'un cube équivalent à une sphère de 4^{m} de rayon.

En représentant par A le côté inconnu du cube, son volume est A^3 (n° **408**). Le volume de la sphère est $\dfrac{4}{3} \Pi R^3$ (n° **443**).

On doit avoir :

$$A^3 = \frac{4}{3} \Pi R^3 = \frac{4}{3} \times 3{,}1416 \times 64 = 268^{\text{m. c.}}, 083.$$

D'où $A = \sqrt[3]{268, 083} = 6^{\text{m}}, 44.$

541. Calculer le volume d'un prisme dont la base a $41^{m. q.}$, 568, et la hauteur 8^m. On suppose d'ailleurs les deux extrémités de ce prisme évidées suivant deux demi-sphères de 3^m de rayon.

Du volume total $B \times H = 41,568 \times 8 = 332,544$, il faut retrancher une sphère $\dfrac{4}{3} \pi R^3 = \dfrac{4}{3} \times 3,1416 \times 27 = 113,097$.

Il reste $332,544 - 113,097 = 219^{m. c.}, 447$.

542. La surface latérale d'un tronc de cône est $264^{m. q.}$. Les rayons des bases sont 6^m et 4^m. On demande la hauteur de ce tronc de cône? (V. la fig. du n° **438**).

Rép. On a : (n° **440**).

$$S = \pi \times A \times (R + r).$$

D'où $A = \dfrac{S}{\pi (R + r)} = \dfrac{264}{\pi \times 10} = \dfrac{264}{31,416} = 8^m, 4033.$

Or, d'après la remarque du n° **443**, on a :

$H^2 = A^2 - (R - r)^2 = 8,4033^2 - (6 - 4)^2 = 70,6154 - 4 = 66,6154.$

D'où $H = \sqrt{66,6154} = 8^m, 16.$

Connaissant la hauteur, on pourrait calculer le volume de ce tronc de cône par la formule du n° **438**.

On trouverait $649^{m. c.}, 571$.

543. Le volume d'un tronc de cône est $649^{m. c.}, 571$. La surface des bases est $113,0976$ et $50,2656$. Quelles sont les dimensions de ce tronc de cône?

Rép. Les rayons des bases se trouvent par la formule du n° **379**.

On a :

$$R^2 = \frac{S}{\Pi} = \frac{113,0976}{3,1416} = 36 \; ; \; \text{d'où } R = 6.$$

$$r^2 = \frac{s}{\Pi} = \frac{50,2656}{3,1416} = 16 \; ; \; \text{d'où } r = 4.$$

La formule du n° **438** : $V = \frac{\Pi\,H}{3} \times (R^2 + r^2 + Rr)$ donne (n° **258**) :

$$H = \frac{3\,V}{\Pi\,(R^2 + r^2 + Rr)} = \frac{3 \times 649,571}{\Pi\,(36 + 16 + 24)} = 8^m,16.$$

Connaissant les rayons des bases 6 et 4, et la hauteur 8,16, on aurait facilement l'apothême d'après le n° **443**.

$$A^2 = H^2 + (R - r)^2 = 8,16^2 + 2^2 = 70,6154.$$

$$\text{D'où } A = \sqrt{70,6154} = 8^m,40.$$

544. Quelle longueur doit-on donner aux côtés d'un polygone, pour qu'il soit semblable à un polygone connu, et pour que sa surface soit 64 fois plus grande ?

Rép. Il faudra, d'après le n° **394**, que les côtés du polygone cherché soient $\sqrt{64}$ ou 8 fois plus grands que les côtés homologues du polygone connu.

Remarque. Le périmètre du polygone cherché sera 8 fois plus grand que le périmètre du polygone connu.

545. Quelle longueur doit-on donner aux côtés d'un polygone pour qu'il soit semblable à un polygone connu, et pour que sa surface soit 7 fois plus grande ?

Rép. Il faudra, comme au n° **544** que les côtés du polygone cherché soient $\sqrt{7}$ ou 2, 645 fois plus grands que les côtés homologues du polygone connu.

546. Il résulte des n°ˢ **544** et **545** que, pour construire un triangle équilatéral dont la surface soit 9 fois plus grande que celle d'un triangle équilatéral connu, il faut prendre son côté $\sqrt{9}$ ou 3 fois plus grand que le côté du triangle connu.

Pour construire un quarré 7 fois plus grand qu'un quarré connu, il faut prendre son côté $\sqrt{7}$ ou $2,645$ fois plus grand que le côté du quarré connu.

Pour construire un cercle 36 fois plus grand qu'un cercle connu, il faut prendre son rayon $\sqrt{36}$ ou 6 fois plus grand que le rayon du cercle connu.

Mais la circonférence du cercle construit sera seulement 6 fois plus grande que celle du cercle connu.

547. Construire un cercle équivalent à la somme de deux cercles dont les rayons sont 4 et 3.

En représentant par x le rayon du cercle cherché.

On doit avoir : $\pi x^2 = \pi \times 4^2 + \pi \times 3^2$ (n° **377**).

D'où (n° **250**) : $x^2 = 4^2 + 3^2 = 16 + 9 = 25$

et $x = \sqrt{25} = 5$.

Même question pour des figures semblables quelconques.

On aura : $x^2 = A^2 + a^2$; x, A, a représentant des lignes homologues des trois figures semblables.

548. Quelle longueur doit-on donner aux arêtes d'un polyèdre, pour qu'il soit semblable à un polyèdre connu, et pour que son volume soit 125 fois plus grand ?

Rép. Il faudra, d'après le n° **456**, que les arêtes du polyèdre cherché soient $\sqrt{125}$ ou 5 fois plus grandes que les arêtes homologues du polyèdre connu.

549. Remarque. La surface du polyèdre cherché sera

5² ou 25 fois plus grande que la surface du polyèdre connu.

550. Quelle longueur doit-on donner aux arêtes d'un polyèdre, pour qu'il soit semblable à un polyèdre connu, et pour que son volume soit 100 fois plus grand?

Rép. Il faudra comme au n° **548** que les arêtes du polyèdre cherché soient $\sqrt[3]{100}$ ou 4, 6..... fois plus grandes que les arêtes homologues du polyèdre connu.

551. Il résulte des n°⁸ **548, 549, 550** que pour construire un cône, une pyramide, etc., dont le volume soit 729 fois plus grand que le volume d'un autre cône ou d'une autre pyramide connue, il faut que les dimensions du cône ou de la pyramide cherchée soient $\sqrt[3]{729}$ ou 9 fois plus grandes que les dimensions du cône ou de la pyramide connue.

Mais la surface du cône ou de la pyramide cherchée sera 9² ou 81 fois plus grande que la surface du cône ou de la pyramide connue.

De même, pour construire une sphère dont le volume soit 27 fois plus grand que celui d'une sphère connue; il faut que le rayon de la sphère cherchée soit $\sqrt[3]{27}$ ou 3 fois plus grand que le rayon de la sphère connue. Mais la surface de la sphère cherchée sera 3² ou 9 fois la surface de la sphère connue.

552. Deux polyèdres semblables étant donnés, trouver les arêtes d'un troisième polyèdre semblable aux polyèdres donnés et équivalent à leur somme:

A et *a* représentant deux arêtes homologues des deux polyèdres donnés; *x* représentant l'arête homologue du polyèdre cherché, on devra avoir: $x^3 = A^3 + a^3$

D'où $x = \sqrt[3]{A^3 + a^3}$.

Application. Quel est le rayon d'une sphère équivalente en volume à deux sphères de rayon 5 et 7.

On doit avoir : $\dfrac{4}{3}\,\pi\,x^3 = \dfrac{4}{3}\,\pi \times 5^3 + \dfrac{4}{3}\,\pi \times 7^3$ (n° **448**).

D'où (n° **250**) : $x^3 = 5^3 + 7^3 = 125 + 343 = 468$.

D'où $x = \sqrt[3]{468} = 7{,}76$

ANCIENNES UNITÉS COMPARÉES AUX NOUVELLES

UNITÉS DE LONGUEUR.

Toise (6 pieds). . . . . 1,94904 mètre.
Pied (12 pouces). . . . . . . 0,32484 mètre.
Pouce (12 lignes). . . . . . . 0,02707 mètre.
Ligne (12 points). . . . . . . 2,256 millimètres.
Aune. . . . . 1,18845 mètre.

UNITÉS DE SURFACE.

Toise quarrée (6^2 ou 36 pieds q.) . 3,7987 mètres quarrés.
Pied quarré (12^2 ou 144 pouces q.) . 0,1055 mètre q.
Pouce quarré (12^2 ou 144 lignes q.) 7,3278 centim. q.
Arpent de Paris (100 perches.) . . 3419 mètres q.
Perche (quarré de 18 pieds de côté). 34,19 mètres q.

UNITÉS DE VOLUME.

Toise cube (6^3 ou 216 pieds cubes). 7,4039 mètres cubes.
Pied cube (12^3 ou 1728 pouces c.) . 34,28 décim. c.
Pouce cube (12^3 ou 1728 lignes c.) . 0,019836 décim. c.
Corde (2 voies). . . . . 3,83905 mètres c.
Muid (2 feuillettes). . . . . . 268,218 litres.
Setier (12 boisseaux). . . . . . 156,10 litres.

POISSY. — IMPRIMERIE ARBIEU.